Berichte des Ausschusses für Versuche im Eisenbau

Herausgegeben vom
Deutschen Eisenbau-Verband (D. E. V.), früher Verein Deutscher
Brücken- und Eisenbau-Fabriken

Mit dem vorliegenden Heft wird die Veröffentlichung der Berichte des Ausschusses für Versuche im Eisenbau über die vor und zu Anfang des Krieges ausgeführten Versuche fortgesetzt.

Die Veröffentlichungen erfolgen im Namen des „Ausschusses für Versuche im Eisenbau", der auch die Versuche selbst beschließt und überwacht. Es erscheinen zwei Arten von Berichten, die je in sich fortlaufend numeriert werden:

1. **Hefte A,** in denen die Anordnung, die Durchführung und die unmittelbaren zahlenmäßigen Ergebnisse der Versuche besprochen und mitgeteilt werden.

2. **Hefte B,** welche die weitere Bearbeitung und Auswertung der Versuchsergebnisse sowie die daraus zu ziehenden Folgerungen und etwaige Bauregeln für die Praxis enthalten.

Dem verschiedenen Inhalte der beiden Arten von Heften wird auch ein verschiedenes Format entsprechen, das für die Hefte B eine besondere Handlichkeit anstrebt.

Bisher sind erschienen:

Ausgabe A, Heft 1:

Der Einfluß der Nietlöcher auf die Längenänderung von Zugstaben und die Spannungsverteilung in ihnen

Nach Versuchen im Materialprüfungsamt zu Berlin-Lichterfelde
Berichterstatter: Geh. Regierungsrat Professor **Max Rudeloff**
Mit 30 Abbildungen. IV und 65 Seiten 4°. Preis M. 3.60 *)

Ausgabe B, Heft 1:

Zur Einführung — Bisherige Versuche

Berichterstatter: Reg.-Baumeister a. D. Dr.-Ing. **Fr. Kögler**
Mit 26 Abbildungen. IV und 56 Seiten 8°. Preis M. 1.60 *)

Ausgabe A, Heft 2:

Versuche zur Prüfung und Abnahme der 3000 t-Maschine

Berichterstatter: Geh. Regierungsrat Prof. Dr.-Ing. **Max Rudeloff**
Mit 73 Textfiguren. IV und 82 Seiten 4°. Preis M. 10.—

Ausgabe A, Heft 3:

Versuche mit Anschlüssen steifer Stäbe

Berichterstatter: Geh. Regierungsrat Prof. Dr.-Ing. **Max Rudeloff**
Mit 96 Textfiguren. IV und 84 Seiten 4°. Preis M. 20.—

*) Hierzu Teuerungszuschläge

Deutscher Eisenbau-Verband (D. E. V.)
(früher Verein deutscher Brücken- und Eisenbau-Fabriken)

Berichte des Ausschusses

für

Versuche im Eisenbau

Ausgabe A

Heft 3

Versuche mit Anschlüssen steifer Stäbe

Berichterstatter:

Geheimer Regierungsrat Professor Dr.-Ing. Max Rudeloff
Direktor des Staatlichen Materialprüfungsamtes zu Berlin-Dahlem

Mit 96 Textfiguren

Springer-Verlag Berlin Heidelberg GmbH 1921

ISBN 978-3-7091-2018-7 ISBN 978-3-7091-4174-8 (eBook)
DOI 10.1007/978-3-7091-4174-8

Ausschuß für Versuche im Eisenbau:

Staatsrat Prof. Dr.-Ing. C. von Bach in Stuttgart.
Baurat Dr.-Ing. Bohny, Direktor in Sterkrade.
Geh. Baurat Dr.-Ing. M. Carstanjen, Direktor in Gustavsburg.
Dr.-Ing. H. Fischmann, Direktor in Berlin.
Regierungsbaumeister Dr.-Ing. Gaede in Berlin-Wilmersdorf.
Prof. Dipl.-Ing. Memmler in Berlin-Dahlem.
Geh. Regierungsrat Prof. Dr.-Ing. Müller-Breslau in Charlottenburg.
Dipl.-Ing. W. Rein in Berlin.
Kommerzienrat Dr.-Ing. P. Reusch, Generaldirektor in Oberhausen.
Geh. Regierungsrat Prof. Dr.-Ing. Rudeloff, Direktor in Berlin-Dahlem.
Geh. Baurat Schaper, Vortragender Rat in Berlin.
Wirkl. Geh. Oberbaurat a. D. Dr.-Ing. Dr. Zimmermann in Berlin.

Frühere Mitglieder:

† Böllinger, Direktor in Gustavsburg bei Mainz.
Marineschiffbaumeister Burkhardt in Wilhelmshaven.
Geh. Marineoberbaurat Dr.-Ing. Hüllmann in Berlin.
Prof. Dr.-Ing. Kögler in Freiberg i. Sa.
† Geh. Baurat Labes, Vortragender Rat in Berlin.
† Geh. Oberregierungsrat Prof. Dr.-Ing. Martens, Direktor in Berlin-Lichterfelde.
† Geh. Baurat Schnapp in Berlin.
† Baurat Dr.-Ing. Seifert, Direktor in Duisburg, ehem. Vorsitzender.
† Dipl.-Ing. Seidel in Duisburg.

Inhaltsangabe.

Versuche mit Anschlüssen steifer Stäbe.

Von Professor Dr.-Ing. **M. Rudeloff.**

Reihe I.
Anschlüsse von Winkel- und U-Eisen.

A. Beobachtungen an den einzelnen Stäben.

Geprüft ist je ein Stab Nr. 1 bis 5 von den in Fig. 1, 4, 7, 10 und 14 dargestellten Abmessungen.

Stab 1 (Fig. 1) bestand aus einem Winkeleisen, NP. 9 (90 × 90 × 9), das an beiden Enden mit demselben Schenkel durch je vier Niete von 2,3 mm Durchmesser an ein Flacheisen von 120 mm Breite und 20 mm Dicke ange-schlossen war; der Nettoquer-schnitt des Zugstabes betrug F_{netto} = 13,4 qcm, der beanspruchte Niet-querschnitt Q_{niete} = 16,6 qcm. Be-obachtet ist während der stufenweisen Laststeigerung das Gleiten des Winkels gegen die Flacheisen an den in Fig. 1 mit a bis d bezeichneten Stellen, d. h. an den Schenkelrändern und den Winkelrücken; zum Messen des Gleitens dienten die auch schon bei den früheren Versuchen[1]) benutzten Zeigerapparate mit der Über-setzung von 1 : 50.

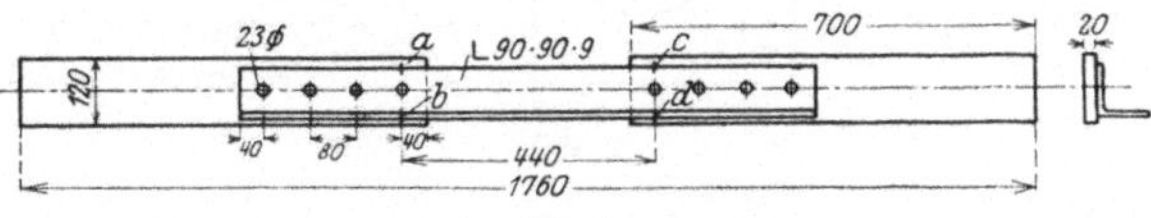

Fig. 1.

Stab 1: F_{netto} = 15,5 − 2,3·0,9 = 13,4 qcm.
Q_{niete} = 4·4,15 = 16,6 qcm.

Die Enden der Flacheisen waren mit Beißkeilen in Einspannköpfen festgelegt, die sich um Bolzen drehen konnten.

Nach den in Fig. 2 dargestellten Messungsergeb-nissen (s. a. Tab. 1) trat bleibende Verschiebung in den Anschlüssen an beiden Enden bei etwa 3000 kg Zug-belastung ein.

Der Bruch erfolgte bei 43 800 kg. Der Schenkel riß bis zu einem Nietloch ein (s. Fig. 3 rechts). Der Winkel und die Anschlußeisen hatten sich infolge der ursprünglichen Lage der Schwerpunktsachse des Winkels

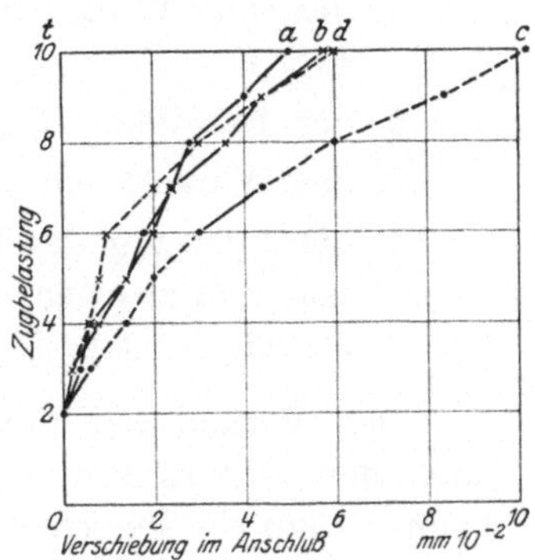

Fig. 2. Bleibende Verschiebungen in den Anschlüssen des Stabes 1.

Winkel NP9 mit 4 Nieten an Flacheisen an-geschlossen.

---

[1]) Rudeloff, Versuche mit Nietverbindungen und Brückenteilen. Verhandlungen des Vereins zur Beförderung des Gewerbefleißes 1911, Beiheft, Fig. 3.

außerhalb der Mittelebene der Flacheisen nach der letzteren hin stark durchgebogen. Die aus den vorstehend angegebenen Grenzbelastungen sich ergebenden Spannungen s. Tab. 7.

Fig. 3. Stab Nr. 1 nach dem Versuch.

Stab 2 (Fig. 4) bestand aus zwei Winkeleisen, NP. 9 (90 × 90 × 11), die nebeneinander angeordnet und an beiden Enden an die Bleche A von 330 mm Breite und 27 mm Dicke angeschlossen waren. Der Anschluß erfolgte sowohl unmittelbar als auch durch Winkeleisen-Abschnitte B (Beiwinkel) mit je drei Nieten. Die Beiwinkel waren mit den Winkeleisen durch je vier Niete verbunden. Die Nietdurch-

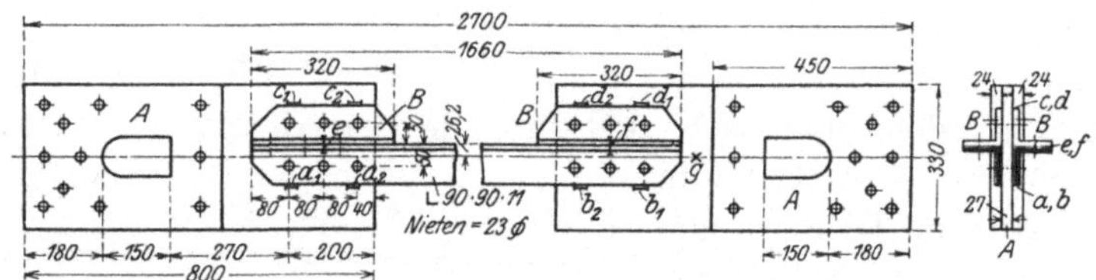

Fig. 4. Stab 2: $F_{netto} = 37,4 \cdot\cdot 2 \cdot 2,3 \cdot 1,1 = 32,3$ qcm, $Q_{niete} = 12 \cdot 4,15 = 49,8$ qcm.

messer betrugen 23 mm. Der tragende Nettoquerschnitt des Stabes berechnet sich zu $F_{netto} = 32,3$ qcm, der beanspruchte Nietquerschnitt zu $Q_{niete} = 49,8$ qcm.

Beobachtet sind in 0,1 mm bei stufenweiser Laststeigerung die Verschiebungen:

1. des einen Winkeleisens gegen die Anschlußbleche A an je 2 Meßstellen a und b, Fig. 4;
2. der Beiwinkel B gegen die Anschlußbleche an je 2 Meßstellen c und d;
3. des Winkeleisens gegen die Beiwinkel, Meßstellen e und f und
4. die Dehnung des Stabes; wobei beide Anschlüsse innerhalb der Meßlänge von 1,73 m lagen, der eine der beiden symmetrisch gelegenen Endpunkte der Meßlänge ist in Fig. 4 mit g bezeichnet.

Den Verlauf der Formänderungen zeigen die Schaulinien, Fig. 5. Sie sind nach den Mittelwerten aus Tab. 2 aufgetragen. Der Verlauf der Linien läßt erkennen, daß die Verschiebungen in den Anschlüssen bei etwa 54 360 kg begannen und daß etwa bei derselben Belastung auch stärkere Dehnung des Stabes eintrat. Hierbei verschoben sich sowohl die Winkeleisen an den Meßstellen a und b, als auch die Beiwinkel an den Meßstellen c und d gegen das Anschlußblech, die ersteren aber mehr als die letzteren. Dementsprechend verschoben sich die Winkeleisen auch gegen die Beiwinkel (Meßstelle e). Bei reiner Längsbeanspruchung hätte die Summe der Bewegungen c und e gleich der Bewegung a sein müssen; dies trifft nicht zu, sondern a ist größer. Hieraus ist zu schließen, daß die Anschlüsse auch

Der Bruch erfolgte bei 121 070 kg, und zwar rissen nach Fig. 6 beide Winkeleisen an demselben Stabende und in gleicher Weise derart, daß der Bruch durch die letzten [inneren[1])] Nietlöcher beider Schenkel hindurchgeht.

Die den Grenzbelastungen entsprechenden Spannungen s. Tab. 7.

Stab 3 (s. Fig. 7) bestand wie Stab 2 aus zwei Winkeleisen I und II, die ebenfalls sowohl unmittelbar als auch mit Beiwinkeln an Bleche angeschlossen waren; die beiden Winkeleisen lagen aber nicht einander symmetrisch gegenüber, sondern waren kreuzförmig angeordnet. Der Anschluß der Winkeleisen an die Bleche erfolgte wieder durch je drei, die Verbindung der Winkeleisen mit den Beiwinkeln wieder durch je vier Niete von 23 mm Durchmesser. Die beanspruchten Querschnitte waren demgemäß wie beim Stabe 2: $F_{netto} = 32{,}3$ qcm, $Q_{niete} = 49{,}8$ qcm.

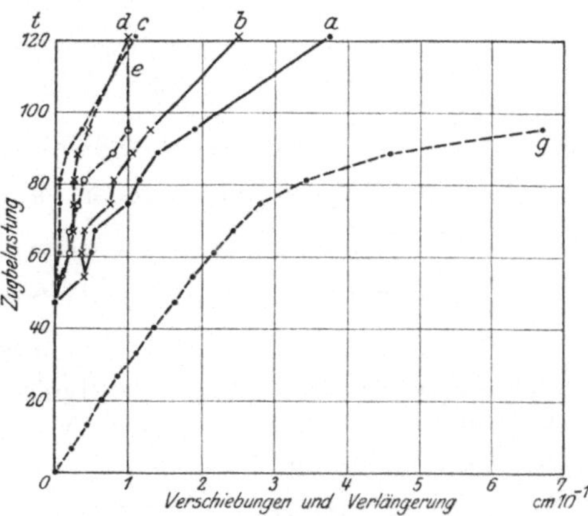

Fig. 5. Formänderungen des Stabes 2.

a und b: Verschiebungen des Winkelstabes gegen die Anschlußbleche,
c „ d: „ der Anschlußwinkel gegen die Anschlußbleche,
e: „ des Winkelstabes gegen den Anschlußwinkel,
g: Verlängerung des Stabes auf 173 cm Meßlänge, gemessen über beide Anschlüsse.

Fig. 6. Bruchverlauf beim Stabe 2.

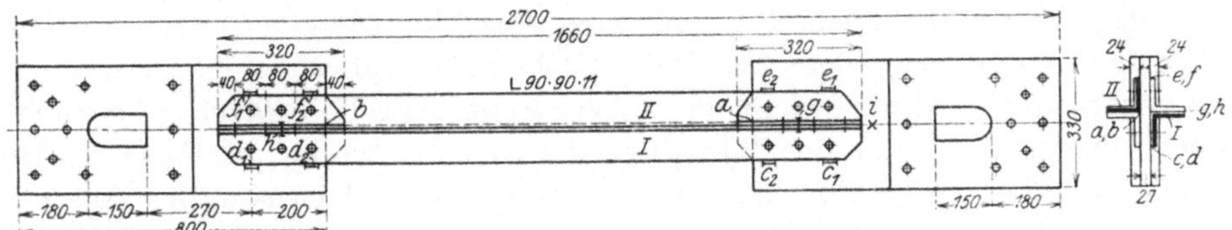

Fig. 7. Stab 3. $F_{netto} = 37{,}4 - 2{,}23 \cdot 1{,}1 = 32{,}3$ qcm.
$Q_{niete} = 12 \cdot 4{,}15 = 49{,}8$ qcm.

Beobachtet sind in 0,1 mm bei stufenweiser Laststeigerung die Verschiebungen (s. Fig. 7):

---

[1]) Als „erste" oder „äußere" Niete sind diejenigen bezeichnet, die dem Kraftangriff (Stabende) zunächst lagen.

1. beider Winkeleisen gegen die Anschlußbleche, Meßstellen a und b für das Winkeleisen II, c und d für das Winkeleisen I;

2. der Beiwinkel für I gegen das Anschlußblech, Meßstellen e und f;

3. des Winkeleisens I gegen seine Beiwinkel, Meßstellen g und h, sowie

4. die Dehnung des Stabes einschließlich seiner beiden Anschlüsse auf 1,72 m Meßlänge, deren eine Endpunkt in Fig. 7 mit i bezeichnet ist.

Die Beobachtungswerte sind aus Tab. 3 zu ersehen; nach den Mittelwerten sind die Schaulinien, Fig. 8, aufgetragen. Aus ihrem Verlauf ergibt sich, daß das Winkeleisen II (Linien a und b) sich stärker gegen das Anschlußblech verschob als das Winkeleisen I (Linien c und d). Dieser Unterschied tritt besonders ausgeprägt bei Belastungen über 80 000 kg zutage. Da er übereinstimmend an beiden Stabenden besteht, so ist hieraus zu schließen, daß das Winkeleisen II stärker auf

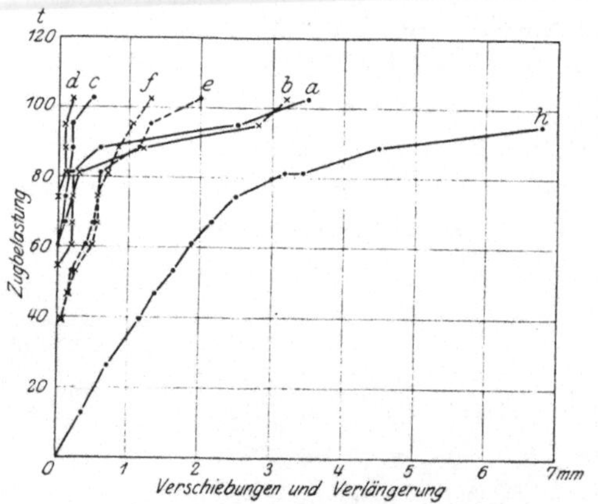

Fig. 8. Formänderungen des Stabes 3 (s. Fig. 7).

a und b = Verschiebungen des unteren Winkeleisens   gegen das a, c, e am rechten Stabende
c ,, d =   ,,   des oberen   ,,   Anschlußblech b, d, f ,, linken   ,,
e ,, f =   ,,   des Beiwinkels
     h = Verlängerung des Stabes auf 172 cm Meßlänge, gemessen über beide Anschlüsse.

Zug beansprucht war als I. Dann mußte aber das Versuchsstück nach der Seite des Winkeleisens II hin, durchgebogen sein. Daß dies tatsächlich der Fall war, zeigen die weiteren Beobachtungen. Nach ihnen hatten die Beiwinkel des Winkeleisens I sich an beiden Stabenden stärker gegen das Anschlußblech verschoben (Linien e und f) als das Winkeleisen selbst (Linien c und d), während nennenswerte Verschiebungen des Winkeleisens I gegen seine Anschlußwinkel (s. Beobachtungen g und h, Tab. 3), sogar nach dem Bruch der Probe nicht wahrzunehmen waren. Unter diesen Umständen wird man nicht fehl gehen, wenn man die frühzeitig beobachteten Gleitbewegungen e und f an den Rändern der Anschlußwinkel als Folge der Durchbiegung des Stabes außer acht läßt und den Beginn des Gleitens in den Anschlüssen bei etwa 60 000 kg Belastung annimmt. Hiermit stimmt auch die Beobachtung überein, daß die Dehnung des Stabes (s. Linie h, Fig. 8) zwischen 26 000 und 60 000 kg der Belastung annähernd proportional war, bei höheren Belastungen aber in stärkerem Maße zunahm. Die plötzliche erhebliche Zunahme des Gleitens an den Meßstellen a und b bei etwa 81 000 kg Belastung macht sich auch in dem Verlauf der Dehnungslinie h geltend.

Der Bruch der Probe erfolgte bei 122 480 kg. Durch Zerreißen beider Winkel an demselben Anschluß. Die Brüche gehen durch die ersten Niete beider Schenkel (s. Fig. 9).

Fig. 9. Bruchverlauf beim Stabe 3

Stab 4 bestand aus einem U-Eisen von 200 mm Höhe, das an beiden Enden nach Fig. 10 sowohl mit dem Steg unmittelbar durch sechs Niete, als auch an den Flanschen mittelbar mit Hilfe der beiden Beiwinkel B durch je drei Niete an ein Blech von 350 mm Breite und 25 mm Dicke angeschlossen war. Die Beiwinkel waren mit den Flanschen des U-Eisens durch je vier Niete verbunden. Die Nietdurchmesser betrugen 23 mm.

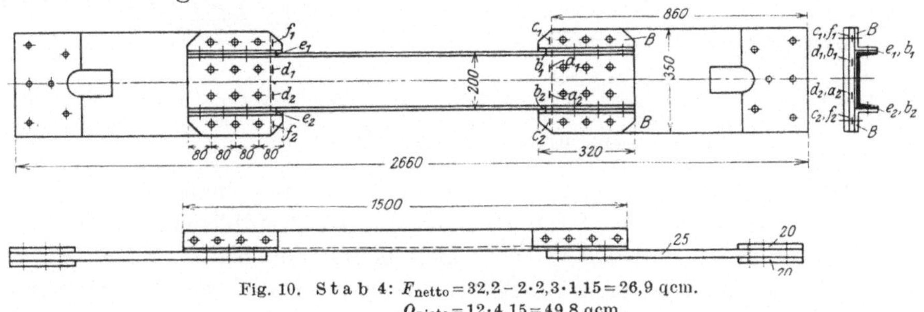

Fig. 10. Stab 4: $F_{\text{netto}} = 32,2 - 2 \cdot 2,3 \cdot 1,15 = 26,9$ qcm.
$Q_{\text{niete}} = 12 \cdot 4,15 = 49,8$ qcm.

Die beanspruchten Querschnitte berechnen sich zu $F_{\text{netto}} = 26,9$ qcm und $Q_{\text{niete}} = 49,8$ qcm.

Beobachtet sind in 0,1 mm bei stufenweiser Laststeigerung an beiden Enden (Anschlüssen) die Verschiebungen:

1. des U-Eisens gegen das Anschlußblech an je zwei Meßstellen a und d, Fig. 10;
2. des U-Eisens gegen die beiden Beiwinkel, Meßstellen b und e sowie
3. der beiden Beiwinkel gegen das Anschlußblech, Meßstellen c und f; ferner
4. in 0,01 mm die Durchbiegung des U-Eisensteges in der Mitte zwischen den beiden Anschlüssen auf 990 mm Länge. Die Messung zu 4. erfolgte mikrometrisch. Die Mikrometerschraube war an einer Latte in deren Mitte befestigt, die mit den Enden in den Endmarken der Meßlänge mit einen bzw. zwei Spitzen auf dem U-Eisen stand.

Die Ergebnisse sind aus Tab. 4 und den Schaulinien Fig. 11 zu ersehen. Nach ihnen nahmen die Verschiebungen a und d des U-Eisens gegen die Anschlußbleche nahezu den gleichen Verlauf wie die Verschiebungen b und e des ∪-Eisens gegen die Beiwinkel. Hiernach erwies sich also der Gleitwiderstand zwischen dem ∪-Eisen und den Beiwinkeln, obgleich die Verbindung zwischen beiden durch 4 Niete bewirkt war, geringer, als der Gleitwiderstand zwischen den Beiwinkeln und dem Anschlußblech, die nur durch 3 Niete miteinander verbunden waren.

Entsprechend der nahezu gleichen Größe von a und b sowie von d und e waren die Verschiebungen zwischen den Beiwinkeln und dem Blech bei dem rechten Anschluß nur sehr gering (s. Schaulinie c, Fig. 11), dagegen erreichten sie bei dem linken Anschluß nennenswerte Beträge (s. Schaulinie f, Fig. 11) und zwar waren sie besonders groß für die Meßstelle f_1 (s. Tab. 4).

Der Verlauf der Schaulinie g, Fig. 12, zeigt, daß das ∪-Eisen, wie wegen des einseitigen Kraftangriffes zu erwarten war, in der Mitte nach dem Steg, d. h. nach der Zugachse hin sich durchbog. Die Durchbiegung nahm bis zu etwa 54 t Be-

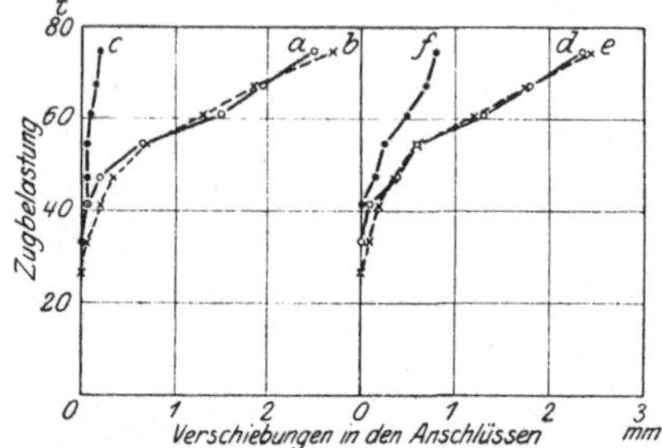
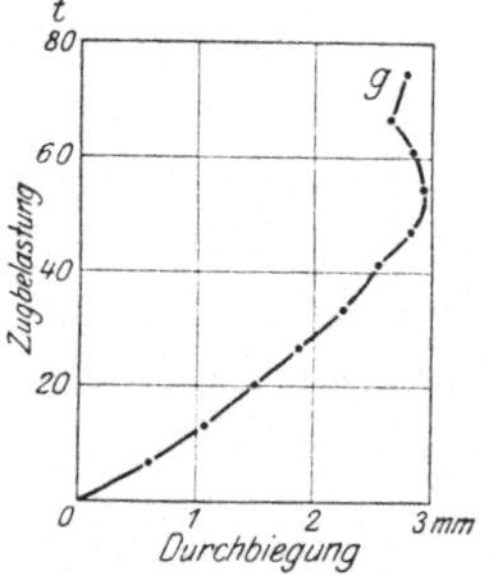

Fig. 11. Formänderungen des Stabes 4.   Fig. 12.

a und d: Verschiebungen des ∪-Eisens gegen die Anschlußbleche;   Durchbiegung des ∪-Eisens beim Stabe 4 auf
b „ e: „   „   „   Beiwinkel;   990 mm Meßlänge.
c „ f: „   der Beiwinkel gegen die Anschlußbleche.

lastung stetig zu, dann aber mit wachsender Belastung wieder ab. Zwischen 75 und 82 t bogen sowohl das ∪-Eisen als auch die Anschlußbleche an den Anschlußstellen sich kurz ab, so daß das ∪-Eisen zwischen seinen beiden Biegestellen in die Ebene der Anschlußbleche sich einstellte. Hiermit erklärt sich die Abnahme der Durchbiegung auf 990 mm Meßlänge (Fig. 12) ohne weiteres.

Der Bruch erfolgte bei 113 340 kg durch Zerreißen des ∪-Eisens. Der Bruch verlief durch die letzten (inneren) Niete in beiden Flanschen und im Steg (s. Fig. 13).

Stab 5 bestand nach Fig. 14 aus zwei Stäben Nr. 4 (Fig. 10), die mit den Anschlußblechen aufeinander gelegt und durch die 12 gemeinsamen Niete für den Anschluß des ∪-Eisensteges und der Beiwinkel an die Bleche zugleich miteinander verbunden waren. Die Querschnitte betrugen $F_{netto} = 53{,}8$ qcm, $Q_{niete} = 99{,}6$ qcm.

Beobachtet sind in 0,1 mm bei stufenweiser Laststeigerung an beiden Enden die Verschiebungen:

1. der beiden Anschlußbleche gegeneinander, Meßstellen a_1, a_2 und b_1, b_2 am rechten Ende, sowie g_1, g_2 und h_1, h_2 am linken Ende auf den Seiten der Anschlußbleche;
2. der beiden ∪-Eisen gegen ihre Beiwinkel, und zwar:
a) an den bei den Flanschen des nach oben gelegenen ∪-Eisens[1]), Meßstellen c_1 und c_2 (rechts), sowie i_1 und i_2 (links) und

―――――――――

[1]) Die Anschlußbleche lagen beim Versuch wagerecht, die beiden ∪-Eisen demnach untereinander.

b) an den inneren Stirnflächen der oberen und unteren Beiwinkel bei e_1 und e_2 (rechts oben) sowie l_1 und l_2 (links oben) und bei f_1 und f_2 (rechts unten) sowie m_1 und m_2 (links unten);

3. der Beiwinkel des oberen U-Eisens gegen das Anschlußblech bei d_1 und d_2 (rechts) sowie k_1 und k_2 (links) an den äußeren, den Stabenden zugekehrten Stirnflächen;

4. die Verlängerung des Stabes, wobei beide Anschlüsse innerhalb der Meßlänge von 1,65 m lagen, deren Endpunkte in Fig. 14 mit n bezeichnet sind.

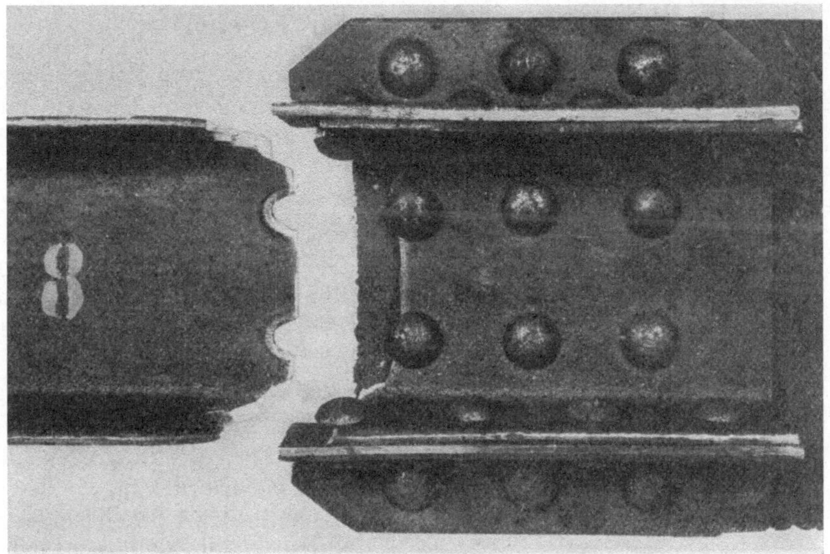

Fig. 13. Bruchverlauf beim Stabe 4.

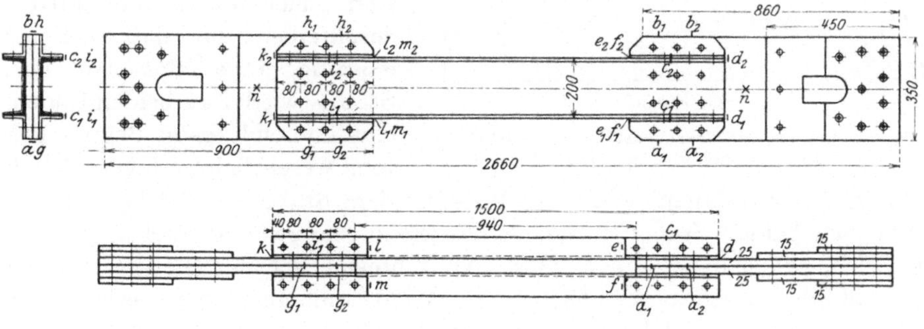

Fig. 14. Stab 5: $F_{\text{netto}} = 2 (32,2 - 2 \cdot 2,3 \cdot 1 \cdot 15) = 53,8$ qcm.
$Q_{\text{niete}} = 2 \cdot 12 \cdot 4.15 = 99,6$ qcm

Die Beobachtungen für die Verschiebungen sind in Tab. 5, diejenigen für die Dehnung in Tab. 6 zusammengestellt und nach den letzteren die Schaulinie Fig. 15 verzeichnet.

Nach Tab. 5 begannen die meßbaren Verschiebungen in den Anschlüssen bei 137 930 kg; zuerst verschoben sich die beiden aufeinander genieteten Anschlußbleche, und zwar an beiden Stabenden etwa um die gleichen Beträge. An allen übrigen Meßstellen setzten die Verschiebungen bei 144 830 kg ein.

Die Verlängerung des Stabes war nach Fig. 15 der Belastung bis zu etwa 110 t proportional und erst bei über 138 t, d. h. bei der Belastung, bei welcher das Gleiten der vernieteten Teile gegeneinander einsetzte, traten naturgemäß auch starke Verlängerungen des Stabes ein.

Bei 206 830 kg rissen beide ∪-Eisen an dem linken Ende des Stabes. Der Bruch (s. Fig. 16) ging im Steg und in beiden Flanschen durch die letzten (inneren) Niete.

B. Zusammenfassung der Ergebnisse.

In Tab. 7 sind nun die Ergebnisse der vorbesprochenen fünf Versuche gegenübergestellt. In die Augen fallend ist der außerordentlich geringe Gleitwiderstand bei dem Stabe Nr. 1; er wurde schon bei $\tau_1 = 181$ kg/qcm Schubbeanspruchung in den Nieten überwunden, während bei den Stäben 2 und 3 die Schubbeanspruchungen $\tau_1 = 1090$ und 1230 kg/qcm erreicht sind. Da die Beobachtungen für den Gleitverlauf an beiden Stabenden gut übereinstimmen (s. Tab. 1 und Fig. 2), so erscheinen Zufälligkeiten ausgeschlossen. Zur Erklärung des geringen Widerstandes beim Stabe 1 sei darauf hingewiesen, daß infolge des einseitigen Kraftangriffes starke Biegungsbeanspruchungen des Winkeleisens in den Ebenen beider Schenkel auftraten, die Zugbeanspruchungen in den Nieten zur Folge hatten und daher den Gleitwiderstand verminderten. Dem gleichen Umstande dürfte es zuzuschreiben sein, daß auch bei dem einseitig angeschlossenen ∪-Eisen, Stab 4, wieder an beiden Enden übereinstimmend, beim Beginn des Gleitens wesentlich geringere Schubbean-

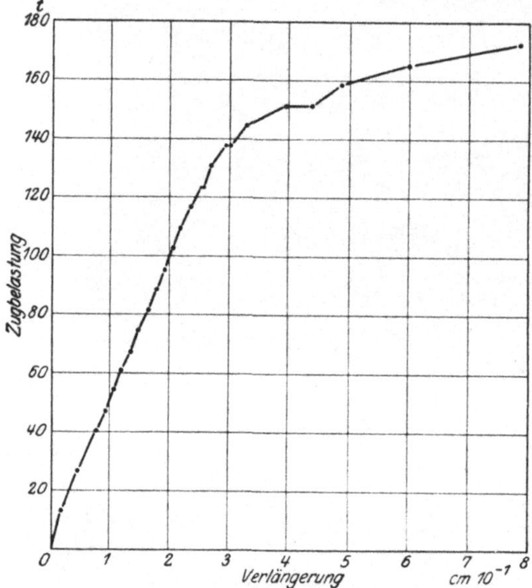

Fig. 15. Dehnung des Stabes 5 auf 1,65 m Meßlänge, gemessen über beide Anschlüsse.

spruchungen (950 kg/qcm) erzielt sind als bei dem Stabe 5 (1450 kg/qcm).

Von den beiden Stäben 2 und 3, bestehend aus zwei parallel angeschlossenen Winkeleisen, hat sich Nr. 3 dem Stabe Nr. 2 hinsichtlich des Gleitwiderstandes um weniges überlegen erwiesen. Dementsprechend war auch die Verlängerung des Stabes 2 bis etwa 80 t Belastung etwas größer als die des Stabes 3 (s. Schaulinie g und h, Fig. 5 und 8).

Der Bruch ist bei allen fünf Stäben durch Zerreißen der angeschlossenen Winkel oder ∪-Eisen erfolgt; die Materialausnutzung bei den verschiedenen Anschlüssen ist daher nach den erzielten Zugspannungen σ_2, Tab. 7, zu beurteilen. Auch hier zeigt sich wieder der einseitig angeschlossene, einzelne Winkel, Stab 1, mit $\sigma_2 = 3260$ kg/qcm dem Anschluß von zwei parallel liegenden Winkeln, Stab 2 und 3, unterlegen. Bei letzteren ist $\sigma_2 = 3750$ und 3800 kg/qcm. Die Anordnung der beiden

Winkel desselben Anschlusses zueinander (nebeneinander oder kreuz-
weise) war also auf die Bruchfestigkeit ohne Einfluß.

Schließlich ergibt sich aus dem Vergleich der σ_2-Werte (Tab. 7) für die beiden
Proben 4 und 5, daß die Materialausnutzung bei dem Anschluß eines einzelnen
∪-Eisens, Stab 4, etwas besser war, als bei dem Stabe 5 mit zwei parallel angeschlossenen
∪-Eisen. Hiernach scheinen die beiden ∪-Eisen im Stabe 5 beim Bruch verschieden
stark beansprucht gewesen zu sein, was wohl seine Bestätigung darin findet, daß

Fig. 16. Bruchverlauf beim Stabe 5

nach dem Bruch an dem rechten Ende des Stabes die Verschiebung des oberen
∪-Eisens gegen seine Anschlußwinkel 0,55 cm, die des unteren ∪-Eisens dagegen
nur 0,11 cm betrug (s. Meßstellen e und f, Tab. 5).

Zur Feststellung der Materialeigenschaften waren sowohl den Winkeleisen der
Stäbe 1 bis 3, als auch den ∪-Eisen der Stäbe 4 und 5 Zerreißproben entnommen,
und zwar teils am Ende, teils aus der Mitte des gewalzten Formeisens. Die mit diesen
Stäben erzielten Ergebnisse sind in Tab. 8 zusammengestellt. Vergleicht man die
beim Bruch der Stäbe 1 bis 5 erzielten Zugspannungen σ_2 (Tab. 7) mit den Spannungen an der Streckgrenze und beim Bruch des Materials (σ_S und σ_B, Tab. 8), so
ergeben sich folgende Verhältnisse:

	Verhältnis der Bruchfestigkeit σ_2 des Stabes in % zur	
Stab Nr.	Streckgrenze σ_S	Bruchfestigkeit σ_B
	des Materials	
1	121	79
2	135	88
3	137	89
4	144	98
5	131	89
Mittel für 2 bis 5	137	91

Hiernach beträgt, abgesehen von dem Stabe 1 mit auffallend geringer Festigkeit, die mittlere Festigkeit der untersuchten Anschlüsse 137% der Streckgrenze
und 91% der Bruchfestigkeit des Materials der angeschlossenen Stäbe.

Reihe II.

Versuche mit verschiedenartig angeschlossenen Winkel- und ⊔-Eisen.

Geprüft ist je ein Stab Nr. 54 bis 62 von den in den Fig. 17, 18, 19, 28, 29 und 39 bis 42 dargestellten Abmessungen.

A. Stäbe aus nur einem Winkeleisen.

1. Die Anordnung der Anschlüsse und der Meßeinrichtungen.

Die Stäbe 54 bis 56 bestanden je aus einem Winkeleisen NP. 9 ($90 \times 90 \times 9$ mm), deren einer Schenkel unmittelbar an ein Blech von 240 mm Breite und 15 mm Dicke angeschlossen war, und zwar an beiden Enden:

Stab 54, Fig. 17, mit 5 Nieten von 20 mm Durchmesser bei   80 mm Teilung
   „   55,   „   18,   „   4   „   „   23 „   „   „   90 „   „
   „   56,   „   19,   „   3   „   „   26 „   „   „   100 „   „

Die tragenden Querschnitte F_{netto} der Stäbe und die Scherquerschnitte Q_{niete} aller Niete berechnen sich:

bei Stab 54 zu: $F_{\text{netto}} = 15,5 - 2,0 \cdot 0,9 = 13,7$ qcm; $Q_{\text{niete}} = 5 \cdot 3,14 = 15,70$ qcm
  „   „   55   „ : $F_{\text{netto}} = 15,5 - 2,3 \cdot 0,9 = 13,43$ „   ; $Q_{\text{niete}} = 4 \cdot 4,15 = 16,60$ „
  „   „   56   „ : $F_{\text{netto}} = 15,5 - 2,6 \cdot 0,9 = 13,16$ „   ; $Q_{\text{niete}} = 3 \cdot 5,31 = 15,93$ „

Die Prüfung erfolgte auf der 500-t-Maschine bei wagerechter Lage und stufenweiser Laststeigerung. Außer der Bruchbelastung sind beobachtet bei den einzelnen Laststufen:

a) bei allen drei Stäben das Gleiten der Stabenden gegen die Anschlußbleche und

b) bei den Stäben 54 und 55 das Durchbiegen der Winkel, und zwar:

     α) senkrecht zur Ebene des angeschlossenen Schenkels,

     β) parallel zur Ebene des angeschlossenen Schenkels.

Die Gleitbewegungen sind wie bei Reihe I mit Zeigeapparaten (Übersetzung 1 : 20) beobachtet, und zwar sowohl an dem linken als auch an dem rechten Stabende an je vier Meßstellen. Von letzteren lagen nach Fig. 17 bis 19 immer zwei, bezeichnet

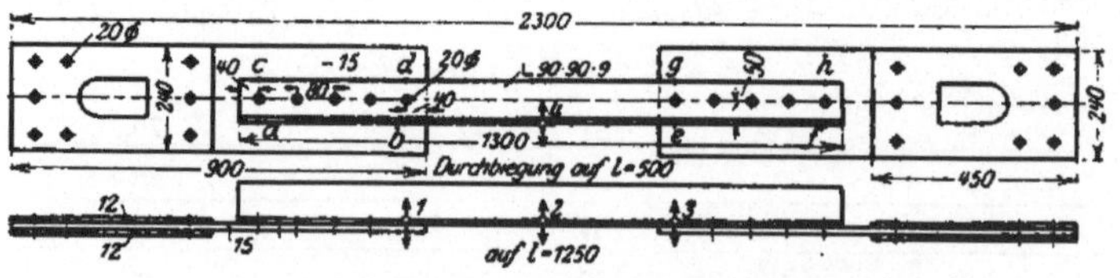

Fig. 17.   Stab 54. $F_{\text{netto}} = 15,5 - 2,0 \cdot 0,9 = 13,7$ qcm.
$Q_{\text{niete}} = 5 \cdot 3,14 = 15,70$ qcm.

mit a und b, am linken Ende und mit e und f am rechten Ende, an dem Winkelrücken und zwei, bezeichnet c und d sowie g und h, an dem Rande des angeschlossenen Schenkels. Hierbei lagen zwei Meßstellen einander paarweise gegenüber, und zwar zwei in dem mit der Achse des ersten Nietes, zwei in dem mit der Achse des letzten

Nietes zusammenfallenden Querschnitt, wenn wie bei Reihe I an beiden Stabenden das dem Kraftangriff (Stabende) zunächst gelegene (äußere) Niet als „erstes" bezeichnet wird.

Das Durchbiegen der Winkel in den beiden Richtungen α und β (s. oben unter b) ist mit zwei Mikrometerschrauben gemessen. Sie waren je an einem starken Brett (s. Fig. 30 bei b α und b β) angeschraubt, dessen Enden in zwei bzw. einem Punkt an dem Schenkel des Winkels anlag. Die beiden Stützpunkte des einen Endes waren durch

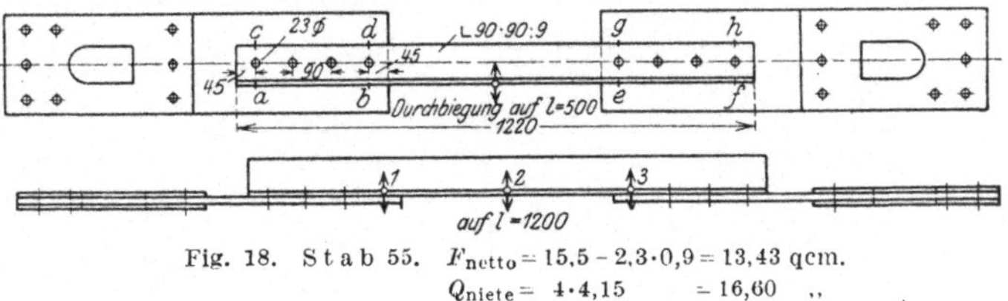

Fig. 18. Stab 55. $F_{\text{netto}} = 15,5 - 2,3 \cdot 0,9 = 13,43$ qcm.
$Q_{\text{niete}} = 4 \cdot 4,15 = 16,60$ „

zwei Schrauben mit Körnerspitzen gebildet, von denen die eine in einer Körnermarke, die andere in einem senkrecht zur Stabachse stehenden Kerb lag. Den dritten Stützpunkt an dem anderen Ende des Brettes bildete eine kleine Kugel. Sie lag zwischen zwei ebenen Metallplatten, von denen die eine an das Brett angeschraubt, die zweite auf den Schenkel des Winkels aufgelötet war. Unter den Tastspitzen der Mikrometerschrauben, die an dem Meßbrett zwischen den vorbeschriebenen Stützpunkten angebracht waren, waren ebenfalls ebene Platten auf den Winkel aufgelötet.

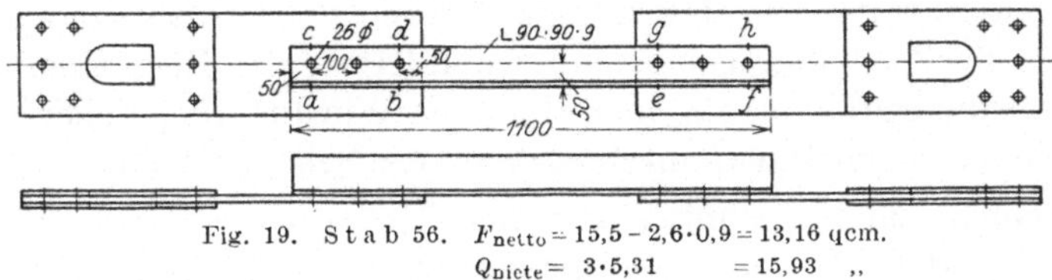

Fig. 19. Stab 56. $F_{\text{netto}} = 15,5 - 2,6 \cdot 0,9 = 13,16$ qcm.
$Q_{\text{niete}} = 3 \cdot 5,31 = 15,93$ „

Das Durchbiegen parallel zur Ebene des angeschlossenen Schenkels wurde in der Stabmitte auf 500 mm Meßlänge beobachtet (s. b β Fig. 30). Das Durchbiegen senkrecht zur Ebene des angeschlossenen Schenkels oder der Anschlußbleche wurde durch die Beobachtung von drei Meßpunkten ermittelt. Hierbei lagen die Stützpunkte des Meßbrettes mit den drei Mikrometerschrauben an beiden Enden zwischen dem ersten Niet und dem Endquerschnitt des Winkels, zwei Meßpunkte 1 und 3 (Fig. 17 und 18) neben den beiden letzten Nieten und der dritte Meßpunkt 2 in der Stabmitte. In den Figuren 17 und 18 ist die Lage dieser Meßstellen durch kleine Kreise mit kleinen Pfeilen, die der Richtung der Durchbiegung entsprechen, gekennzeichnet; unter dem mittleren Pfeil derselben Meßstrecke ist die Gesamtlänge zwischen den Stützpunkten des Meßbrettes mit l angegeben.

2. Die Versuchsergebnisse.

a) Die für die einzelnen Laststufen an den Stäben 54 und 55 beobachteten **Durchbiegungen** senkrecht zu den Anschlußblechen sind durch die Schaulinien, Fig. 20 und 21, dargestellt. Die Linien verlaufen unsymmetrisch, derart, daß bei beiden Versuchen die Durchbiegung rechts etwas größer war als links. Es muß dahingestellt bleiben, ob und inwieweit hierbei der Umstand sich bemerkbar machte, daß der

Winkel sich gleichzeitig auch senkrecht zur Ebene der Messung durchbog und die Meßstellen sich daher auch seitlich gegen die Mikrometerschrauben verschoben.

Den Verlauf der Durchbiegungen in der Stabmitte bei wachsender Belastung zeigen die Schaulinien Fig. 22 und 23. Hiernach begann die Durchbiegung, wie zu erwarten war, sofort mit dem Belasten der Stäbe und war senkrecht zur Ebene des angeschlossenen Schenkels größer als parallel zu dieser Ebene. Die letztgenannte Durchbiegung schritt beim Stabe 54 sogar nur bis zu 17 t Belastung mit dieser fort und nahm dann bei höheren Belastungen wieder ab (s. Fig. 22). Diese Erscheinung

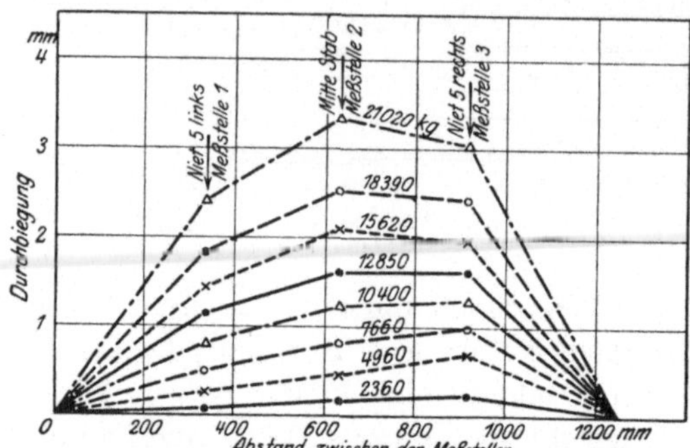

Fig. 20. Durchbiegung des Winkels, Stab 54, senkrecht zu den Anschlußblechen (s. Fig. 17).

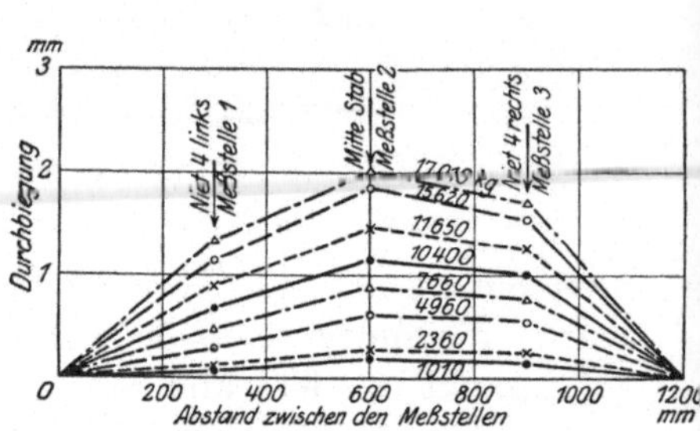

Fig. 21. Durchbiegung des Winkels, Stab 55, senkrecht zu den Anschlußblechen (s Fig. 18).

ist wohl damit zu erklären, daß außerhalb der Meßlänge für die Durchbiegung stärkere Formänderungen eintraten, so daß infolge Störung der Kraftübertragung durch örtliche, außerhalb der Meßlänge gelegene Formänderung das Biegungsmoment in Stabmitte und damit die Durchbiegung hier abnahm. Wie aus Nachstehendem sich ergibt, lag die Ursache wahrscheinlich im Strecken des Schenkelrandes am letzten Niet.

b) Die Beobachtungsergebnisse für das Gleiten des Winkeleisens gegen die Anschlußbleche sind in Tab. 9 zusammengestellt. Aus ihnen ergibt sich, daß das Gleiten am Winkelrücken (Meßstellen a, b, f, e) teils kleiner, teils größer war als am gegenüberliegenden Rande des angeschlossenen Schenkels (Meßstellen c, d, h, g).

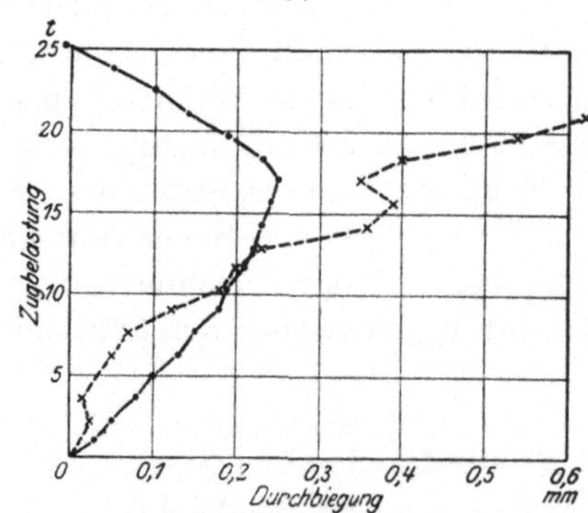

Fig. 22. Durchbiegung des Winkels, Stab 54, bei wachsender Belastung.

· — · parallel zur Ebene des angeschlossenen Schenkels auf 500 mm Länge

×----× senkrecht zur Ebene des angeschlossenen Schenkels auf 580 mm Länge gleich Abstand zwischen den letzten Nieten an beiden Enden.

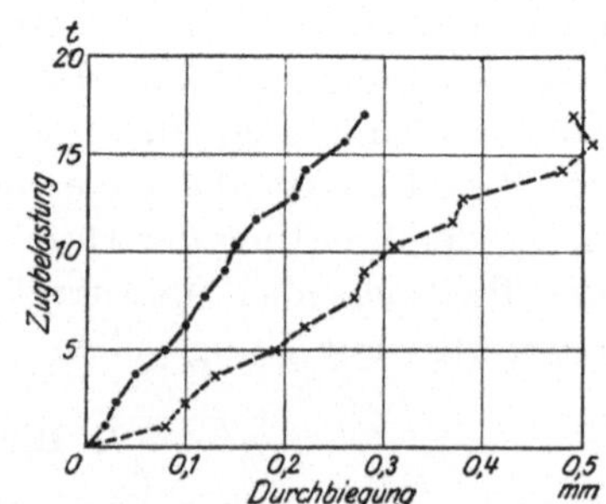

Fig. 23. Durchbiegung des Winkels, Stab 55, bei wachsender Belastung.

· — · parallel zur Ebene des angeschlossenen Schenkels auf 500 mm Länge.

×----× senkrecht zur Ebene des angeschlossenen Schenkels auf 600 mm Länge.

Trotz der besonders beim Stabe 55 recht erheblichen Unterschiede der Gleitbewegungen sind die Werte für a und c, b und d usw. in Tab. 9 zu Mitteln zusammengefaßt, um den Verlauf der Gleitbewegungen mit wachsender Belastung übersichtlicher zu gestalten. Nach den Mittelwerten sind dann für die Stäbe 54, 56 und 55 die Schaulinien (Fig. 24) aufgetragen. Sie lassen erkennen, daß das Gleiten des Winkels gegen das Anschlußblech in den Querschnitten mit den ersten, nach den Stabenden hin gelegenen Nieten bei höheren Belastungen wesentlich geringer war als in den Querschnitten mit den letzten Nieten (Nr. 5, 4 oder 3). Besonders stark tritt diese Erscheinung bei dem Stabe 54 zutage, bei dem unter guter Übereinstimmung für beide Stabenden das Gleiten neben dem Niet Nr. 5 schon bei geringer Belastung (etwa 5 t = 364 kg/qcm Zugspannung und 318 kg/qcm Schubspannung) einsetzte. Beim Stabe 56 begann das Gleiten am linken Ende bei etwa 13 t = 988 kg/qcm Zugspannung und 816 kg/qcm Schubspannung; am rechten Ende traten wesentliche Unterschiede im Gleiten neben dem ersten und dritten Niet erst bei mehr als 18 t Belastung = 1368 kg/qcm Zugspannung und 1130 kg/qcm Schubspannung ein.

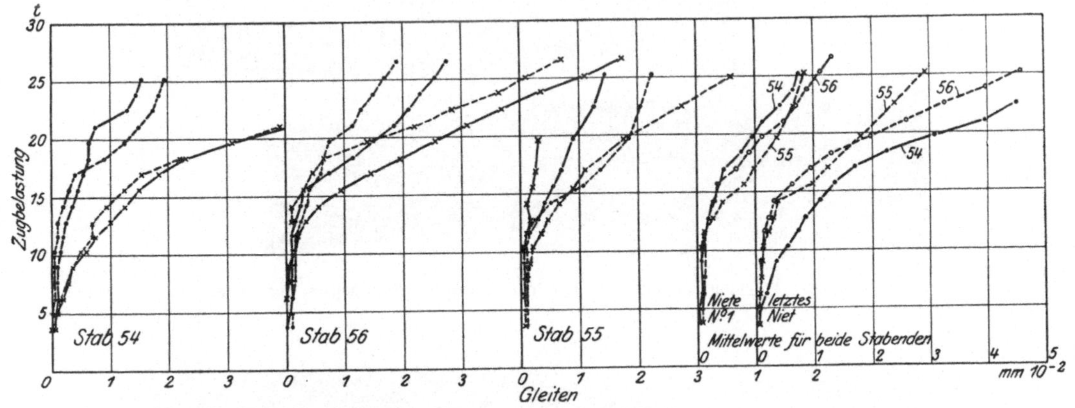

Fig. 24. Gleiten der Stabenden (Winkel) gegen die Anschlußbleche bei wachsender Belastung.
—— am linken, ---- am rechten Ende, · erstes Niet, × letztes Niet, von der Einspannung aus gerechnet.

Die Mittelwerte für beide Stabenden (s. Fig. 24) lassen keine gesetzmäßigen Unterschiede im Gleiten bei den drei Anschlüssen erkennen; nur am letzten Niet war das Gleiten beim Stabe 54 auffallend groß. Der Schenkelrand floß hier, wie Fig. 25 zeigt.

c) **Die Bruchbelastungen** betrugen für die drei Stäbe:

bei Stab Nr.	54	55	56
Bruchlast	55 090	55 090	50 940
Zugspannung im Winkel . . . kg/qcm	4 020	4 100	3 870
Schubspannung in den Nieten kg/qcm	3 510	3 320	3 190

d) **Die Art der Zerstörungen** zeigen die Lichtbilder Fig. 25 bis 27. Bei den beiden Stäben 54 und 55 (Fig. 25 und 26) waren an einem Ende alle Niete abgeschoren. An den Winkeln waren die beiden letzten Löcher (5 und 4 bei Stab 54 sowie 4 und 3 bei Stab 55) langgestreckt und der Schenkel neben dem letzten Loch stark eingeschnürt; ferner waren die Winkel in Richtung der Resultierenden beider Hauptträgheitsachsen stark verbogen und beim Stabe 54 auch das Anschlußblech. Beim Stabe 56 (Fig. 27) war der Winkel am letzten Niet (Nr. 3) durchgerissen. Der Bruch hatte am Rande des angeschlossenen Schenkels begonnen und bei seinem allmählichen

Fortschreiten war schließlich der abstehende Schenkel nach außen verbogen. Hinter dem Niet Nr. 1 war der Winkel an beiden Enden stark von dem Anschlußblech abgebogen; dies bestätigt das oben erwähnte Auftreten von Zugspannungen in den Nieten.

3. Einfluß der Anordnung der Anschlüsse.

Stab 55 gleicht hinsichtlich seiner Abmessungen und der Art des Anschlusses dem Stabe 1 der Reihe I (s. Fig. 1). (Winkel NP. 9, 4 Niete von 23 mm Durchmesser),

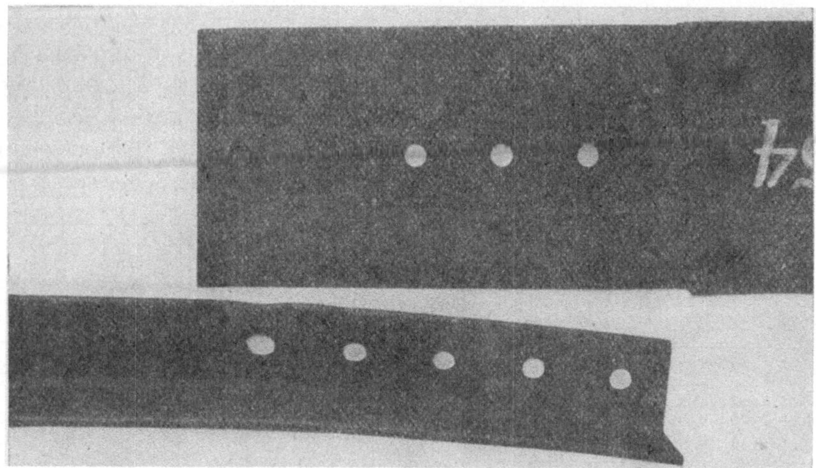

Fig. 25. Anschluß des Stabes 54 nach dem Bruch durch Abscheren der Niete.

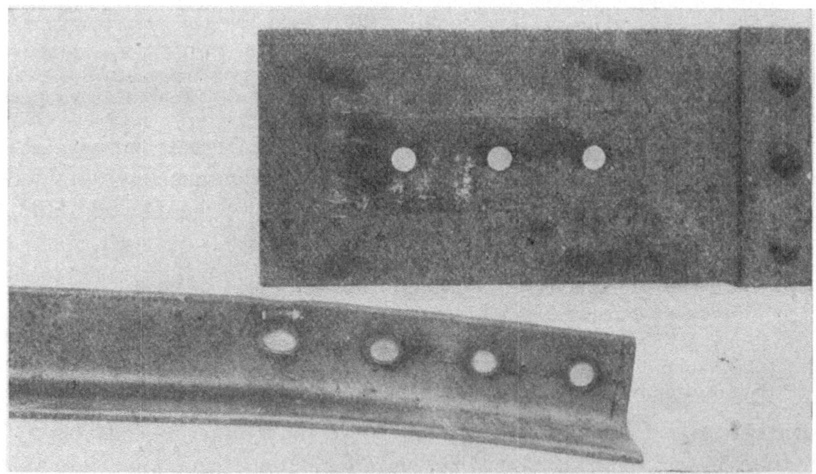

Fig. 26. Anschluß des Stabes 55 nach dem Bruch durch Abscheren der Niete

dabei betrug die Bruchfestigkeit des Stabes 1 nur 43 800 kg, die des Stabes 55 dagegen 55 090 kg, beim letzteren also 11 290 kg oder 26% mehr als bei ersterem. Es erscheint nicht ausgeschlossen, daß hier die Art der Einspannung eine wesentliche Rolle mitgespielt hat. Stab 1 war mit Beißkeilen also fest eingespannt, während Stab 55 mittels Bolzens, also nahezu zwanglos eingespannt war. Bei ersteren war der angeschlossene Schenkel am inneren Niet gerissen, bei letzteren waren alle 4 Niete abgeschoren.

Vergleicht man die Bruchfestigkeiten der drei Stäbe 54, 55 und 56 untereinander, so zeigt sich, daß der Anschluß mit 5 Nieten von 20 mm Durchmesser (Stab 54) die gleiche Festigkeit der Verbindung lieferte wie der Anschluß mit 4 Nieten von 23 mm Durchmesser (Stab 55) und bei beiden schoren sämtliche Niete ab. Bei Wahl von nur 3 aber stärkeren Nieten mit 26 mm

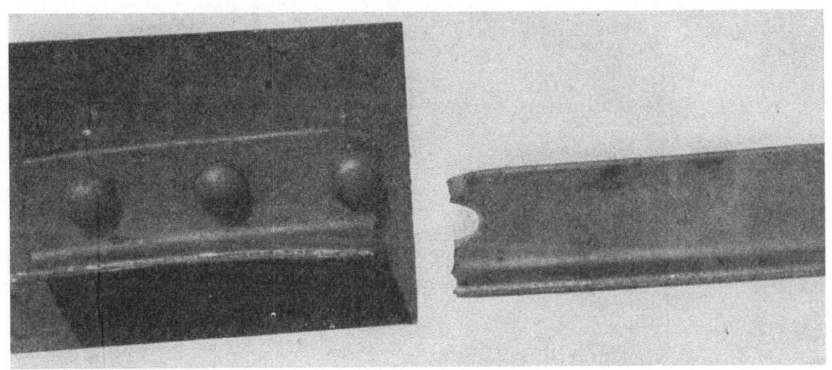

Fig. 27. Anschluß des Stabes 56 nach dem Bruch durch Zerreißen des Winkeleisens.

Durchmesser (Stab 56) riß der Winkel im letzten Niet und die Bruchfestigkeit war von 55090 kg auf 50940 kg, also um 4150 kg oder 7,5% heruntergegangen. Da nur Einzelversuche vorliegen, bleibt es fraglich, ob dieses Ergebnis auf Zufall beruht.

Die Durchbiegung des Winkels ist, wie zu erwarten war, bei direktem Anschluß des einen Schenkels durch die Zahl der Niete nicht wesentlich beeinflußt.

B. Stäbe aus zwei Winkeleisen bestehend.

1. Die Anordnung der Anschlüsse und Meßeinrichtungen.

Die Stäbe 57 und 58 (Fig. 28 und 29) bestanden je aus zwei Winkeleisen (90 × 90 × 11 mm), deren Enden mit einem Schenkel unmittelbar, mit dem zweiten

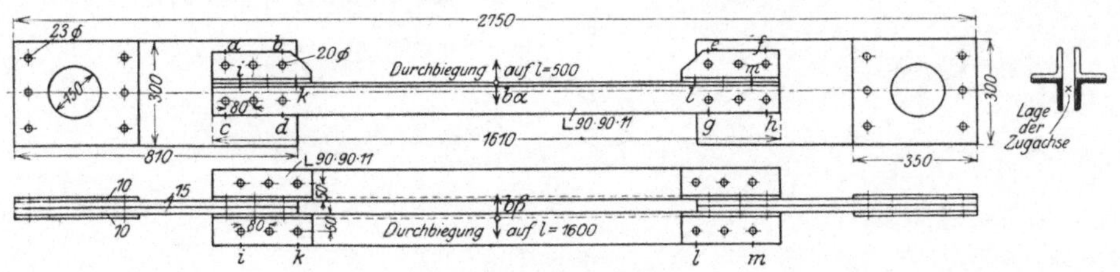

Fig. 28. Stab 57: $F_{netto} = 2 \cdot (18,7 - 2,0 \cdot 1,1) = 33,0$ qcm.
$Q_{Niete} = 12 \cdot 3,14 = 37,68$ qcm.

durch einen besonderen Beiwinkel an Bleche von 320 mm Breite und 15 mm Dicke angeschlossen waren. Hierbei lagen die beiden Winkeleisen beim Stabe 57 mit den unmittelbar angeschlossenen Schenkeln einander gegenüber ⊐⊏, während sie beim

Stabe 58 kreuzförmigen Querschnitt ⊥ bildeten. Sämtliche Verbindungen bestanden aus 3 Nieten von 20 mm Durchmesser. Die Nietteilung betrug 80 mm.

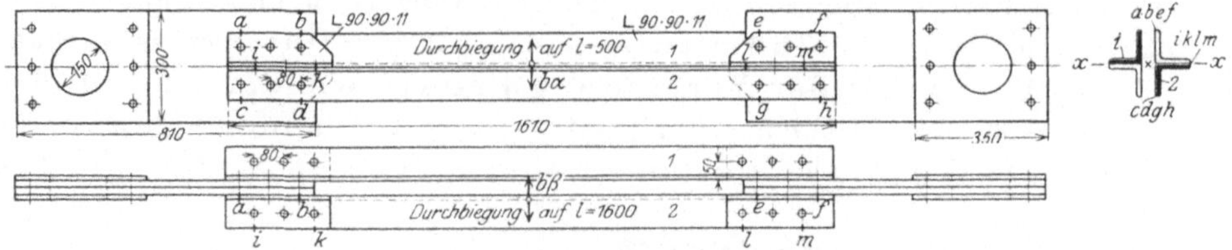

Fig. 29. Stab 58. F_{netto} u. Q_{niete} wie bei Stab 57.

Die tragenden Querschnitte F der Winkeleisen und der Niete berechnen sich bei beiden Stäben zu:

$$F_{\text{netto}} = 2 \times 18,7 - 2,0 \cdot 1,1 = \mathbf{33,0} \text{ qcm}$$
$$Q_{\text{niete}} = 12 \times 3,14 = \mathbf{37,68} \text{ ,,}$$

Außer der Bruchbelastung sind bei stufenweiser Laststeigerung an beiden Stäben an den in Fig. 28 und 29 bezeichneten Stellen (s. a. Fig. 30) beobachtet für einen der beiden Winkel:

a) an beiden Stabenden das Gleiten:
    α) des Winkeleisens gegen das Anschlußblech (Stellen c, d, g, h),
    β) des Winkeleisens gegen den Beiwinkel (Stellen i, k, l, m),
    γ) des Beiwinkels gegen das Anschlußblech g (Stellen a, b, e, f);
b) das Durchbiegen des Winkeleisens:
    α) senkrecht zur Ebene des unmittelbar angeschlossenen Schenkels,
    β) parallel zur Ebene des unmittelbar angeschlossenen Schenkels.

Fig. 30. Stab 58 mit den Meßvorrichtungen in der Maschine.

An dem Stabe 58 ist ferner beobachtet, und zwar in Stabmitte an dem zweiten Winkeleisen:

c) die Dehnung auf 100 mm Meßlänge an beiden Schenkelrändern und am Winkelrücken.

Die Meßstellen zur Bestimmung der Gleitbewegungen unter a, α bis a, lagen (s. Fig. 28 und 29) auf den allein zugänglichen Schenkelrändern seitlich neben dem ersten und dritten Anschlußniet.

Die Meßapparate (s. Fig. 31) waren nach meinen Angaben aus 2-mm-Draht gefertigt. Sie bestanden aus den winkelförmig gebogenen Draht a mit dem Zapfen d und dem rechts angelöteten feinen Draht g als Zeiger; der Draht a lag in dem Bügel e, der bei h nach oben umgebogen und bei s mit einer Spitze versehen war. Der Zapfen d war in das Anschlußblech gut passend eingelassen und die Spitze s ruhte in einem Körner am Schenkel des Beiwinkels. Beim Gleiten des Beiwinkels gegen das Anschlußblech in Richtung der beiden Pfeile P_1 und P_2 folgte s der Bewegung P_1, der Zapfen bildete den Drehpunkt der Meßvorrichtung und der Weg des Zeigerendes g über dem Maß-

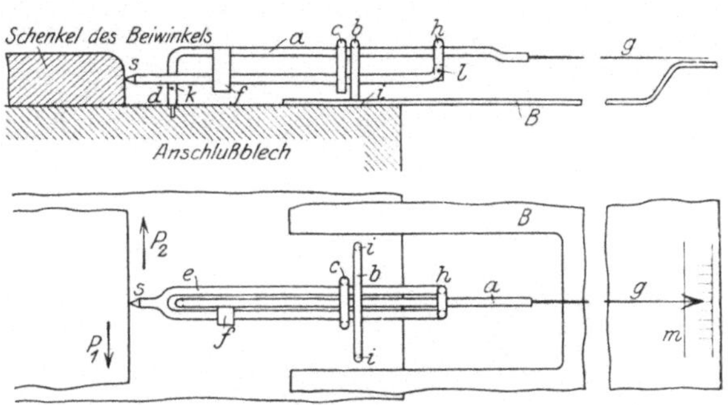

Fig. 31. Gleitmesser.

stabe m entsprach dem Zweihundertfachen der zu messenden Gleitbewegung. Zwischen den beiden Punkten k und l war innerhalb des Bügels e eine Spiralfeder aus feinem Kratzendraht angebracht, deren Zugkraft sichere Anlage der Spitze s bewirkte. Die Blattfeder f drückte das umgebogene Ende des Drahtes a gegen die eine Innenfläche des Bügels e (in Fig. 31 ist die Anordnung zur besseren Übersichtlichkeit mit Spiel dargestellt) und hob somit den toten Gang auf. Von den beiden mit a verlöteten Bügeln c und b diente c zur Führung des Drahtes a gegen den Bügel e und b zum Abstützen der ganzen Vorrichtung in den beiden Gleitpunkten i gegen das Anschlußblech. Der Maßstab m wurde von dem Blech B getragen, das auf das Anschlußblech aufgelötet war.

Das Durchbiegen des Winkels wurde bei diesen Stäben in beiden Richtungen (b, α und b, β), s. Fig. 28, 29 und 30, nur mit je einer, wieder auf einem Brett angebrachten Mikrometerschraube in Stabmitte gemessen. Für die Messung b, α lagen die Stützpunkte des Brettes wieder an beiden Enden außerhalb der Anschlüsse. Die Gesamtmeßlängen betrugen für b, α 1600 mm, für b, β 500 mm.

Die Dehnungsmessungen zu c erfolgten mit Martensschen Spiegelapparaten in $^1/_{5000}$ cm (s. Fig. 30) — die Lage der Meßstellen s. Tab. 11 —. An den Meßfedern der Apparate waren feste Spiegel angebracht, an deren Drehung die Winkelbewegungen des Stabes im Raum beobachtet wurden, um die die Anzeigen der Dehnungsmesser richtigzustellen waren.

2. Die Versuchsergebnisse.

a) Den Verlauf der Durchbiegungen der Winkeleisen (Beobachtungen b, α und b, β) mit wachsender Belastung zeigen die Schaulinien Fig. 32. Nach der voll ausgezogenen Linie „Stab 57" war die Durchbiegung b, β parallel zur Ebene des unmittelbar angeschlossenen Schenkels beim Stabe 57 mit zwei nebeneinander liegenden Winkeleisen bis zu 57 t Belastung außerordentlich gering. Dies zeugt davon, daß die Zugachse tatsächlich in der durch die Schwerpunkte der Querschnitte der beiden Winkeleisen gelegten Ebene lag, wie es nach der Konstruktionszeichnung(Fig.28) tatsächlich beabsichtigt war.

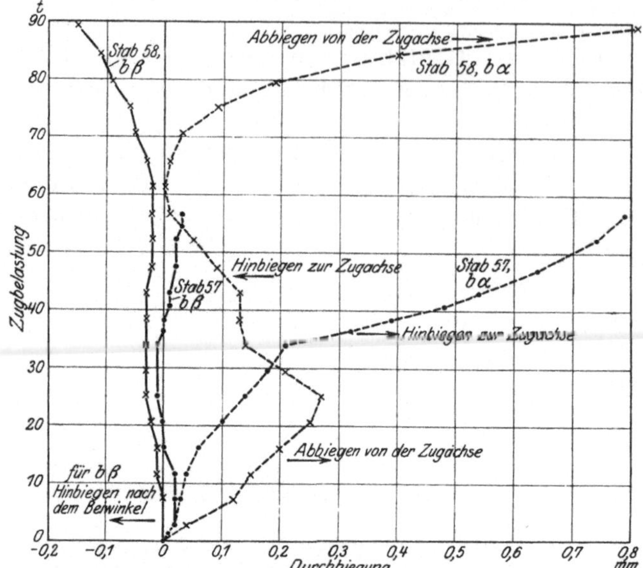

Fig. 32. Durchbiegung je eines Winkels der Stäbe 57 und 58 bei wachsender Belastung.
----- parallel zur Ebene des unmittelbar angeschlossenen Schenkels auf 500 mm Meßlänge.
······ senkrecht zur Ebene des unmittelbar angeschlossenen Schenkels auf 1600 mm Meßlänge.

Senkrecht zur Ebene des unmittelbar angeschlossenen Schenkels, Messung b, α (s. die punktierte Linie Fig. 32 „Stab 57"), bog das beobachteteWinkeleisen des Stabes 57 sich der Erwartung entsprechend mit der Belastung fortschreitend nach der Zugachse hin durch.

Beim Stabe 58 mit zwei kreuzförmig angeordneten Winkeln lag die Schwerpunktsachse S der Winkeleisen um 26,2 mm außerhalb der senkrecht zumAnschluß-blech durch die Zugachse Z gelegten Ebene $x \sim x$ (s. Fig. 33a und b). Der Abstand der Niete, mit denen die Winkeleisen an das Blech angeschlossen waren, von der Ebene $x \sim x$ (s. Fig. 33b) betrug 50 mm und somit die Exzentrizität E des durch die Anschlußniete gehenden Kraftangriffes zur Schwerpunktsebene der Winkeleisenquerschnitte $E = 50,0 - 26,2 = 23,8$ mm. Würde also kein Beiwinkel B vorhanden gewesen sein, so hätte dasWinkeleisen entsprechend dem rechtsdrehenden Kraftmoment $M_r = P \cdot E = P \cdot 23,8$ mm/kg sich von der Ebene $x \sim x$ ab, also in Fig. 33b nach oben hin durchbiegen müssen. Tatsächlich ist die Durchbiegung entsprechend den Beobachtungen nach $x \sim x$ hin, d. h. nach unten erfolgt. Hierin macht sich der Anschluß an den Beiwinkel B geltend, indem durch ihn ein zweiter Kraftangriff an der Außenfläche des

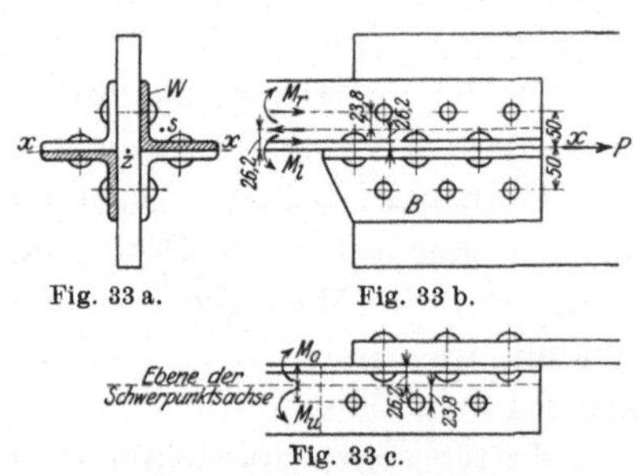

Fig. 33. Darstellung der auf den Winkel W einwirkenden Biegungsmomente.

vom Anschlußblech abstehenden Schenkels gegeben ist mit dem links drehenden Moment $M_l = P \cdot 26,2$ mm/kg. Unter der Voraussetzung gleitungsloser Haftung aller drei Nietverbindungen zwischen Anschlußblech, Winkeleisen und Beiwinkel überwog das linksdrehende Moment um

$$M_l - M_r = P (26,2 - 23,8) = P \cdot 2,4 \text{ mm}$$

und tatsächlich ist die Durchbiegung des Winkeleisens dem Momente M_l folgend eingetreten. Bis $P = 60$ t war sie kaum merklich ($= 0,02$ mm auf 500 mm Länge), s. Fig. 32 Linie: Stab 58, bβ; über 60 t nahm sie mit der Belastung ständig zu. Die Erklärung für dies Verhalten liefern die Darlegungen S. 20.

Für die Durchbiegung des Winkeleisens senkrecht zur Ebene des unmittelbar angeschlossenen Schenkels bestehen nach Fig. 33c ebenfalls zwei verschieden gerichtete Biegungsmomente, das aufwärts drehende, nach der Zugachse hinbiegende Moment $M_o = P \cdot 26,2$ mm/kg durch den unmittelbaren Anschluß und das abwärts drehende, von der Zugachse abbiegende Moment $M_u = P \cdot 50,0 - 26,2 = P \cdot 23,8$ mm/kg infolge der Kraftübertragung durch die Anschlußnieten des Beiwinkels. Bei vollständiger Haftung aller Nietverbindungen ist M_o das größere. Wenn das Winkeleisen trotzdem wider Erwarten entsprechend der Richtung von M_u sich bis zu 25 t Belastung von der Stabachse abbog (s. Fig. 32) und dieses Abbiegen bei weiterer Steigerung der Belastung zunächst zurückging, bis es bei $P = 61$ t den Wert Null erreichte und dann in dem ursprünglichen Sinne wieder erheblich zunahm, so beweist dies, daß die Kraftübertragung durch das Gleiten der Nietverbindungen gestört bzw. verändert wurde. Dabei besteht zugleich eine bestimmte Übereinstimmung des Verlaufes dieser Durchbiegung b, α mit der Durchbiegung b, β desselben Winkeleisens wie aus dem Verlauf der beiden zusammengehörigen Schaulinien (Fig. 32) für den Stab 58 unverkennbar ist. Bis 25 t wachsen beide; zwischen 25 und 61 t bleibt die eine unverändert, die andere nimmt ab und bei $P > 61$ nehmen beide wieder zu.

b) Die Einzelbeobachtung für die Gleitbewegungen sind in Tab. 10 zusammengestellt. Es zeigt sich auch hier wieder wie bei den Stäben 54 bis 56, daß die Gleitbewegungen neben den ersten, der Einspannung bzw. dem Kraftangriff, zunächst gelegenen Nieten in der Mehrzahl der Fälle kleiner waren als neben den dritten Nieten. Der Einfachheit halber sind nun den weiteren Betrachtungen lediglich die Werte für die letzteren zugrunde gelegt. Sie sind zur besseren Übersicht in Fig. 34 und 35 zu Schaulinien aufgetragen. Aus Fig. 34 erkennt man, daß nennenswertes Gleiten des Winkeleisens (Stabes) gegen das Anschlußblech bei der Probe 57 erst bei

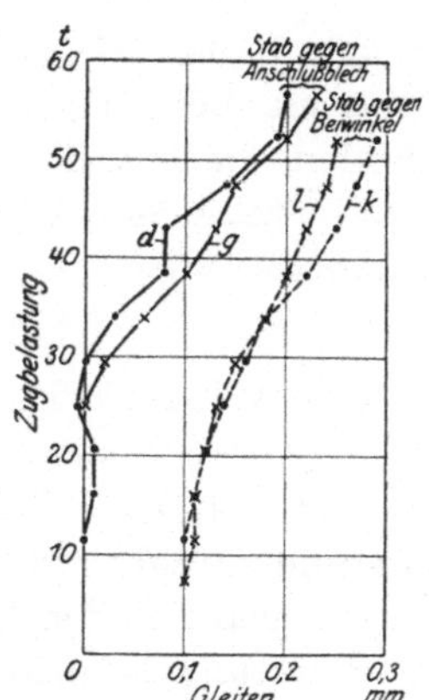

Fig. 34. Gleiten in den Verbindungen am Anschluß bei Stab 57. · am linken, × am rechten Stabende.

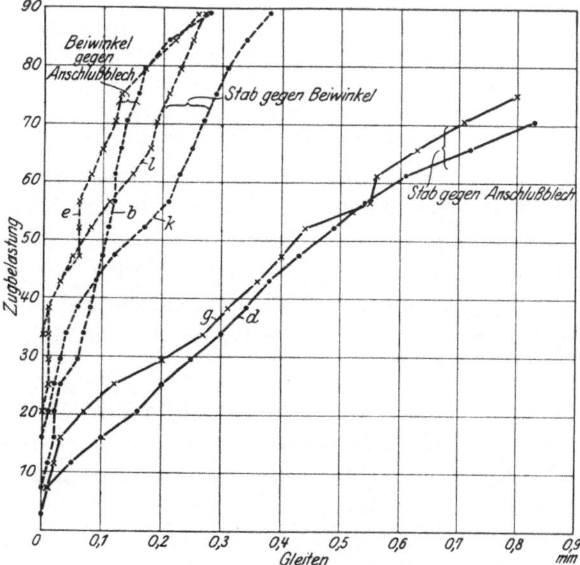

Fig. 35. Gleiten in den Verbindungen am Anschluß bei Stab 58. · am linken, × am rechten Stabende.

$P > 30$ t eintrat und schließlich unter höheren Belastungen nur wenig größer war als sein Gleiten gegen den Beiwinkel. Dementsprechend war das Gleiten des Beiwinkels gegen das Anschlußblech nach Tab. 10 an beiden Stabenden innerhalb der Belastungsgrenzen der Beobachtung nahezu gleich Null. Die Gleitbewegungen betrugen an diesen Verbindungsstellen selbst bei 52 t Belastung erst 0,04 und 0,05 mm.

Beim Stabe 58 war unter guter Übereinstimmung für beide Stabenden (s. Fig. 35) das Gleiten des Winkeleisens gegen das Anschlußblech weitaus am größten. Dann folgt nach abnehmender Größe das Gleiten des Winkeleisens gegen den Beiwinkel und am geringsten war das Gleiten des Beiwinkels gegen das Anschlußblech.

Unverkennbar sind beim Stabe 58 die schon oben angedeuteten, bestimmten Beziehungen zwischen den Durchbiegungen (Fig. 32) und den Gleitbewegungen (Fig. 35). Beim Beginn des Belastens bis zu $P = 25$ t war das Gleiten W_a des Winkeleisens gegen das Anschlußblech besonders stark gegenüber dem Gleiten W_b des Winkeleisens gegen den Beiwinkel und dessen Gleiten B_a gegen das Anschlußblech. Infolgedessen war das Biegungsmoment M_o (Fig. 33c) vermindert und M_u überragte. Dementsprechend bog sich auch das Winkeleisen gegen die Erwartung bis zu $P = 25$ t von der Zugachse des Stabes ab. Zwischen 25 und etwa 60 t nahm W_a der Belastung nahezu proportional zu, während W_b und B_a beide stärker wuchsen (s. Fig. 35). Daher überwog zwischen 25 und 61 t das Biegungsmoment M_o, so daß in diesem Belastungsbereich Durchbiegen nach der Stabachse hin erfolgte (s. Fig. 32). Bei $P > 61$ t nahmen W_b und B_a wieder in geringerem Grade zu, während W_a stärker anwuchs; daher bog zugleich das Winkeleisen nun unter der überragenden Wirkung von M_u auch wieder wie ursprünglich in starkem Maße von der Stabachse ab.

In gleicher Weise erklärt sich auch der oben erörterte Verlauf der Durchbiegungen b, β, Fig. 32.

c) Die beobachteten Festigkeitswerte sind die folgenden:

	beim Stabe	57	58
Bruchbelastung . . . . kg		125 790	122 270
Zugspannung in den Winkeleisen . . . . kg/qcm		3 820	3 710
Schubspannung in den Nieten . . . . . kg/qcm		3 340	3 240

d) Die Art der Zerstörung zeigen die Lichtbilder Fig. 36 und 37. Bei beiden Stäben waren die 6 Niete, durch die die Winkeleisen und die Beiwinkel mit dem Anschlußblech verbunden waren, durchgeschoren; außerdem hatten die Winkeleisen sich gegen die Beiwinkel sichtlich verschoben. Beim Stabe 58 waren ferner die Schenkelränder beider Winkeleisen am Niet 3 stark eingeschnürt und das eine Winkeleisen war stark verbogen (s. Fig. 37).

e) Die Ergebnisse der Dehnungsmessungen am Winkelrücken (Meßstelle a) und an beiden Schenkelrändern (Meßstellen b und c) des Stabes 58 enthält Tab. 11. Man erkennt, daß die Dehnungen bei a besonders unter den höheren Belastungen wesentlich größer waren als die Dehnungen bei b und c, und bei b geringer waren als bei c (s. a. Fig. 38). Ein Vergleich dieser Erscheinungen mit den beobachteten Durchbiegungen des Winkeleisens bei wachsender Belastung ist leider nicht möglich, da die Dehnungen und Durchbiegungen nicht an demselben Winkeleisen gewesen worden sind.

Unter der Annahme, daß beide Winkel gleich hoch beansprucht waren, sind in Tab. 11 mit dem Elastizitätsmodul $E = 2\,150\,000$ kg/qcm[1]) und den fettgedruckten Höchstwerten für die Dehnungen δ die den einzelnen Laststufen zukommenden örtlichen Zugspannungen σ_{max} berechnet $\left(\sigma_{max} = \dfrac{E\,\delta}{100}\right)$ und den Spannungen σ gegenübergestellt, die sich für den Anschlußquerschnitt F_{netto} bei denselben Laststufen ergeben. Die Verhältniszahlen $\dfrac{\sigma_{max}}{\sigma} \cdot 100$ sind durchweg größer als 100. Die Unterschiede sind aber nur gering und da nicht ausgeschlossen ist, daß dem Material der Winkeleisen in Wirklichkeit für E ein kleinerer Wert als $2\,150\,000$ kg/qcm zukommt,

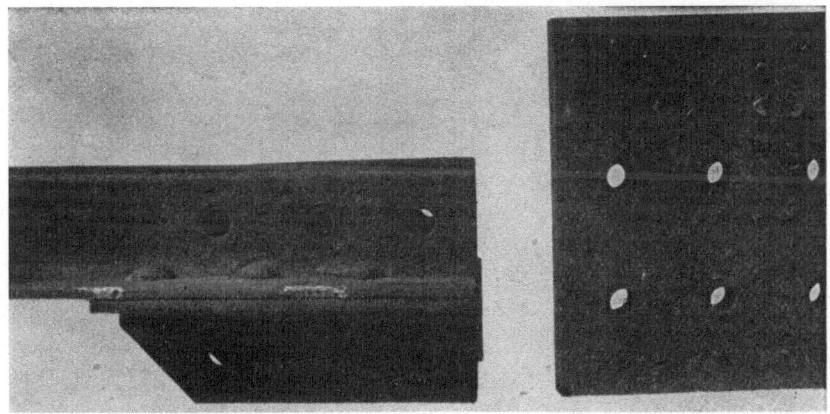

Fig. 36. Anschluß des Stabes 57 nach dem Bruch durch Abscheren der Niete

Fig. 37 Anschluß des Stabes 58 nach dem Bruch

so lassen die vorliegenden Beobachtungen keinen sicheren Schluß darüber zu, ob die Höchstspannungen innerhalb der Meßbereiche am vollen Winkeleisen infolge Biegungsspannungen tatsächlich größer waren als in dem schwächeren Anschlußquerschnitt.

[1]) Bestimmungen des Elastizitätsmoduls an Zugproben aus den Winkeln liegen nicht vor.

Die Höchstbelastung bei den Beobachtungen der Dehnung betrug 89 160 kg. Ihr entspricht bei gleichmäßiger Lastverteilung über den vollen Querschnitt der Winkel die Zugspannung $\sigma \simeq 2400$ kg/qcm. Mit ihr ist die Proportionalitätsgrenze des Materials sicherlich überschritten und damit verlieren die berechneten Werte für die höheren Spannungen (etwa von $\sigma \simeq 2000$ kg/qcm) an Bedeutung.

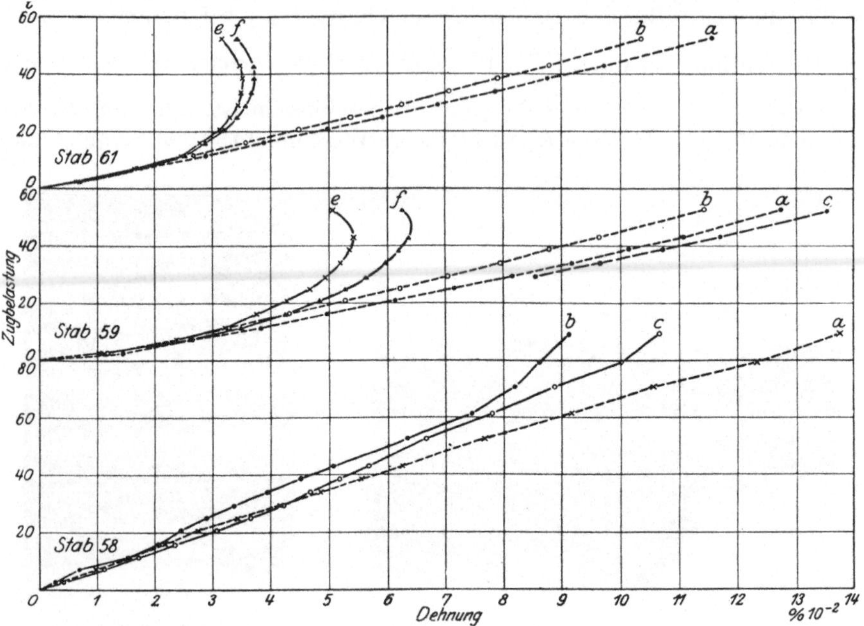

Fig. 38. Dehnung δ der Stäbe mit wachsender Zugbelastung innerhalb der Meßstrecken a, b, c, e, f. Form der Stabquerschnitte und Lage der Meßstrecken (s. Tab. 11).

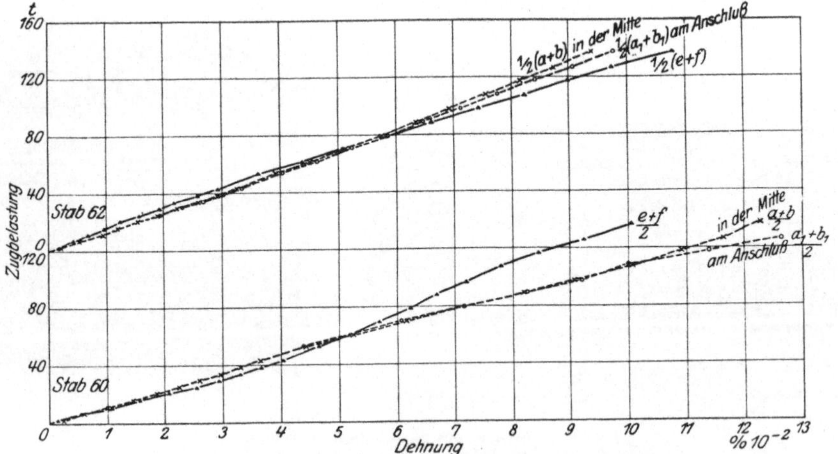

Fig. 38a. Dehnung δ der Stäbe 60 und 62 bei wachsender Zugbelastung innerhalb der Meßstrecken a, b, e, f und a_1. b_1. Form der Stabquerschnitte und Lage der Meßstrecken (s. Tab. 11).

3. Einfluß der Anordnung der Anschlüsse.

Seiner allgemeinen Anordnung nach gleicht Stab 57 dem Stabe 2 der Reihe I, Fig. 4, und Stab 58 dem Stabe 3, Fig. 7; alle diese Stäbe bestanden aus Winkeleisen NP. 9 (90 × 90 × 11).

Bei den Stäben 2 und 3 waren aber die Verbindungen zwischen Winkeleisen und den Beiwinkeln durch 4 Niete, bei den Stäben 57 und 58 dagegen durch 3 Niete gebildet; ferner hatten sämtliche Niete bei den ersteren 23 mm Durchmesser gegenüber 20 mm bei den letzteren. Das Verhältnis zwischen dem Nettoquerschnitt F der Winkeleisen und dem Schubquerschnitt Q der Niete ist bei Stab 2 und 3: $Q/F = 1{,}54$, bei Stab 57 und 58 $Q/F = 1{,}14$. Bei den ersteren (s. Fig. 6 und 9), waren die Winkeleisen am inneren Nietloch gerissen, bei den letzteren (s. Fig. 36 und 37) waren die Niete abgeschoren. Bei dem großen Unterschied zwischen den beiden Verhältniswerten Q lassen die vorliegenden Versuche die Grenze für dasjenige Verhältnis Q/F noch nicht erkennen, bei dem Brüche durch Zerreißen der Winkeleisen oder durch Abscheren der Niete gleich wahrscheinlich sind.

Vergleicht man die erzielten Bruchspannungen, so ergibt sich, daß die verschiedenartige Anordnung der beiden Winkeleisen, d. h. nebeneinander oder zum Kreuzprofil, bei dem Stabpaar 2 und 3 keinen Einfluß auf die Zugfestigkeiten der beiden Winkeleisen gehabt hat, die erzielten Zugspannungen betragen 3750 und 3800 kg/qcm. Diesen Werten stehen bei dem zweiten Stabpaar 57 und 58 die Werte 3820 und 3710 kg/qcm gegenüber, ohne daß die Winkeleisen rissen. Bei diesem Stabpaar waren die Schubfestigkeiten der Nieten ausschlaggebend und soweit Einzelversuche überhaupt ein Urteil zulassen, scheint es, als ob die Anordnung der beiden Winkeleisen zur Kreuzform für den Abscherwiderstand etwas ungünstiger ist als die Anordnung nebeneinander; der Unterschied in den Schubfestigkeiten beträgt (3340 gegen 3240) etwa 3%. Erklärlich wäre ein Unterschied in der Schubfestigkeit bei beiden Anordnungen in dem beobachteten Sinne damit, daß bei der Kreuzform Durchbiegungen der angeschlossenen Winkeleisen auch in der Ebene der Anschlußbleche eintreten, die zusätzliche Schubspannungen in den Nieten verursachen. Fig. 37 läßt dies deutlich an dem Verbogensein des Winkeleisens erkennen.

Das Gleiten der Winkeleisen gegen das Anschlußblech, gemessen am Rande des angeschlossenen Schenkels, setzte bei dem Stabe 58 (s. Fig. 35) schon bei geringen Belastungen ein, bei dem Stabe 57 (s. Fig. 34) dagegen erst bei 30 t Belastung. Ob dieser Unterschied in dem Verhalten beider Verbindungen ausschließlich auf dem oben erörterten Einfluß des Verbiegens der Winkeleisen beim Stabe 38 beruht, muß dahingestellt bleiben.

C. Stäbe aus U-Eisen.

1. Die Anordnung der Anschlüsse und Meßeinrichtungen.

Die Stäbe 59 bis 62 waren aus U-Eisen NP. 20 gebildet (s Fig. 39 bis 42), und zwar die Stäbe 59 und 61 (Fig. 39 und 41) aus je einem, die Stäbe 60 und 62 (Fig. 40 und 42) aus je zwei U-Eisen. Die Enden der beiden ersteren waren an je ein Blech, die der letzteren an je zwei aufeinander genietete Bleche von 25 mm Dicke und 350 mm Breite angeschlossen; die beiden letzten Stäbe waren also eine Doppelung der beiden ersteren. Bei den Stäben 61 und 62 waren nur die Stege der U-Eisen unmittelbar angeschlossen, bei den Stäben 59 und 60 außerdem auch die Flansche mittels Beiwinkels.

Zum unmittelbaren Anschluß dienten bei den ersteren 10, bei letzteren 6, in zwei Reihen angeordnete Niete. Die Beiwinkel waren sowohl mit den Flanschen des

U-Eisens als auch mit dem Anschlußblech durch je 2 Niete verbunden. Bei allen vier Stäben erfolgte somit die Kraftübertragung auf die U-Eisen durch 10 Niete, die bei den Stäben 59 und 61 einschnittig, bei den Stäben 60 und 62 zweischnittig beansprucht wurden. Die Nietteilung war überall gleich 80 mm, der Nietdurchmesser gleich 20 mm.

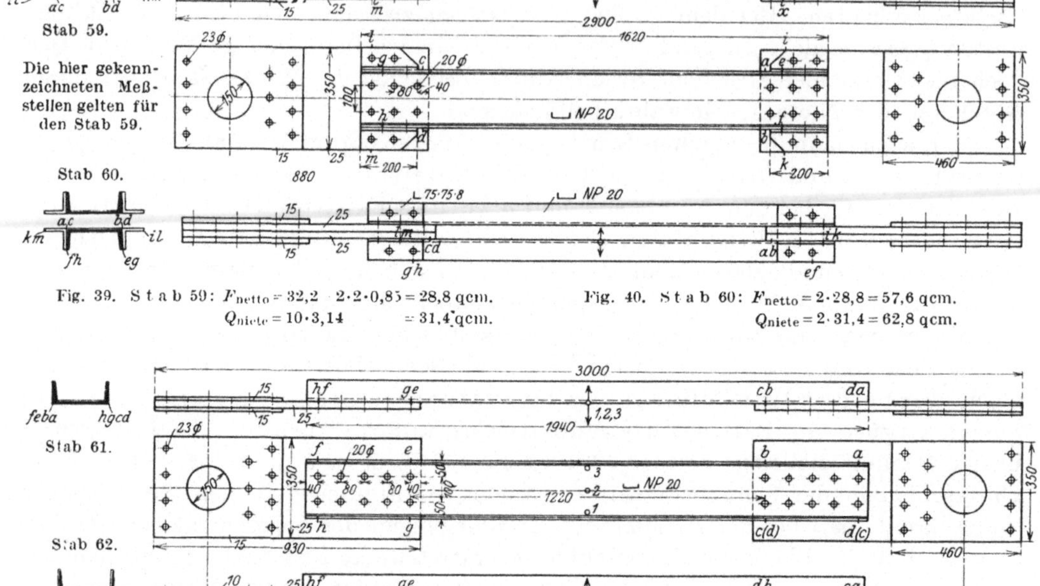

Fig. 39.   S t a b 59: $F_{\text{netto}} = 32,2 - 2 \cdot 2 \cdot 0,85 = 28,8$ qcm.   Fig. 40.   S t a b 60: $F_{\text{netto}} = 2 \cdot 28,8 = 57,6$ qcm.
$Q_{\text{niete}} = 10 \cdot 3,14 = 31,4$ qcm. $Q_{\text{niete}} = 2 \cdot 31,4 = 62,8$ qcm.

Fig. 41.   S t a b 61. F_{netto} und Q_{niete} wie bei Stab 59.
Fig. 42.   S t a b 62. F_{netto} und Q_{niete} wie bei Stab 60.

Die tragenden Querschnitte berechnen sich wie folgt:

	Stab Nr. 59 und 61	60 und 62
Stabquerschnitt $F =$	$32,2 - 2 \cdot 2,0 \cdot 0,85 = \mathbf{28,8}$	$2 \cdot 28,8 = \mathbf{57,6}$ qcm
Nietquerschnitt $Q =$	$10 \cdot 3,14 = \mathbf{31,4}$	$2 \cdot 31,4 = \mathbf{62,8}$ „

Außer der Bruchbelastung sind bei stufenweiser Laststeigerung beobachtet:

1. an den Stäben 59 und an 60 für eines der beiden U-Eisen (s. Fig. 39, 40, 43 und 44;

    a) an beiden Stabenden das Gleiten:

       α) des U-Eisens an beiden Rändern (Seiten) gegen das Anschlußblech (Meßstellen a, b, c, d),

       β) des U-Eisens an beiden Flanschkanten gegen die Beiwinkel (Meßstellen e, f, g, h) und

       γ) der beiden Beiwinkel gegen das Anschlußblech (Meßstellen i, k, l, m);

    b) die Durchbiegung des U-Eisens auf 1125 mm Länge (s. Fig. 43 u. 44);

    c) das Krümmen des U-Eisensteges in der Mitte des Stabes;

d) die Dehnungen des U-Eisens beim Stabe 59, s. Fig. 43a und Tab. 11;

   α) an beiden Flanschkanten (Meßstellen e und f),

   β) an beiden Stegrändern (Meßstellen a und b),

   γ) an zwei Meßstrecken auf dem Stegrücken, je etwa 70 mm vom Rande entfernt (Meßstellen c und d);

sämtliche Messungen in der Stabmitte.

Fig. 43. Stab 59 mit den Meßvorrichtungen in der Maschine.

Fig. 43a. Anordnung der Spiegelapparate in der Mitte des Stabes 59.

Fig. 44. Stab 60 mit den Meßvorrichtungen in der Maschine.

e) die Dehnungen des ∪-Eisens beim Stabe 60, Fig. 44:

$\left.\begin{array}{l}\alpha) \\ \beta)\end{array}\right\}$ wie beim Stabe 59 in der Stabmitte,

$\left.\begin{array}{l}\gamma) \text{ an beiden Flanschkanten} \\ \delta) \text{ an beiden Stegrändern}\end{array}\right\}$ am rechten Anschlußende,

2. an den Stäben 61 und 62 für eines der beiden ∪-Eisen (s. Fig. 41, 42, 45, 46);

   a) an beiden Stabenden das Gleiten des ∪-Eisens an beiden Rändern (Seiten) gegen das Anschlußblech:

Fig. 45. Stab 61 mit den Meßvorrichtungen in der Maschine.

Fig. 46. Stab 62 mit den Meßvorrichtungen in der Maschine.

α) neben den Nieten Reihe 1 und
β) neben den Nieten Reihe 5;

b) die Durchbiegung des U-Eisens zwischen den Anschlußblechen auf 1125 mm Länge;

c) das Krümmen des U-Eisensteges in der Mitte des Stabes;

d) die Dehnungen beim Stabe 61 wie beim Stabe 59, beim Stabe 62 wie beim Stabe 60.

Zum Beobachten des Gleitens der U-Eisen gegen ihre Anschlußbleche dienten die Apparate Fig. 31. Sie mußten bei den Stäben 59 und 61, die geprüft wurden, indem die Anschlußbleche nach oben lagen, in umgekehrter Lage, d. h. unter dem Anschlußblech, verwendet werden (s. Fig. 43 und 45). Hierdurch traten die Bügel b (Fig. 31) mit den Stützpunkten i außer Wirkung. Daher wurden, wie aus Fig. 43 und 45 ersichtlich ist, an den Draht a kleine Doppelhaken angelötet und der Apparat hiermit an dem Anschlußblech aufgehängt.

Das Durchbiegen des U-Eisens zwischen den Anschlüssen und das Krümmen des Steges ist wieder mikrometrisch mit elektrischem Kontakt gemessen. Fig. 43a läßt links die Lage der Kugel und Fig. 43 rechts die Stützschrauben für das Brett mit den Mikrometerschrauben erkennen, ebenso Fig. 45, Fig. 43a ferner die auf das U-Eisen aufgelöteten Eisenklötzchen, deren obere Flächen die Taststellen für die Mikrometerschrauben bildeten. Fig. 44 und 46 zeigen die Anordnung des Meßbrettes zwischen den nach außen gerichteten Schenkeln der U-Eisen bei den Stäben 60 und 62.

2. Die Versuchsergebnisse.

a) Die Durchbiegungen und das Krümmen des Steges in der Stabmitte mit wachsender Belastung bei den Stäben 59 und 61 zeigen die Schaulinien Fig. 47. Hiernach erfolgte die Durchbiegung der U-Eisen senkrecht zum Steg bei diesen beiden, nur aus einem U-Eisen bestehenden Stäben stetig nach der Zugachse hin.

Bei dem **Stabe 61**, dessen ∪-Eisen lediglich mit seinem Steg an die Anschluß-bleche angeschlossen war, mußte die Durchbiegung, so wie sie tatsächlich eintrat, im voraus erwartet werden, weil die Zugkraft P, Fig. 47 a, einseitig von seiner Schwerpunktsachse an das ∪-Eisen angriff und somit an ihm ein Biegungsmoment erzeugte, dessen Richtung die eingetretene Durchbiegung entspricht und das als **linksdrehendes** Moment benannt sein möge. Der Hebelarm der Kraft betrug ursprünglich 32,5 mm.

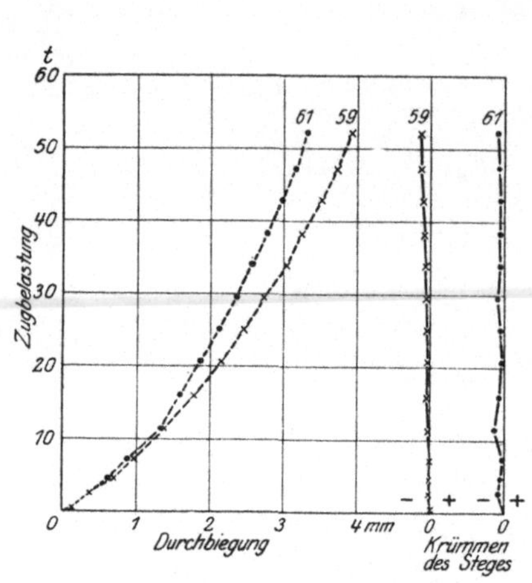

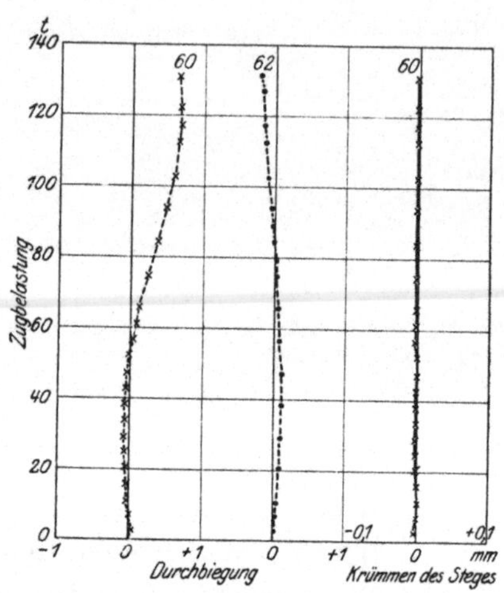

Fig. 47. Formänderungen des ∪-Eisens bei Stab 59 und 61.   Fig. 48. Formänderungen des ∪-Eisens bei Stab 60 und 62.
------ = Durchbiegung auf 1125 mm Länge, + nach Zugachse hin;
Mittel aus den beiden Beobachtungen an den Flanschen.
- - = Krümmen des Steges.

Beim **Stabe 59** waren neben dem unmittelbaren Anschluß des ∪-Eisensteges noch Beiwinkel zum Anschluß verwendet. Das Wurzelmaß der Beiwinkel betrug 40 mm, der **Kraftangriff P_1 an die Flansche der ∪-Eisen** lag somit 40,0 — 20,1

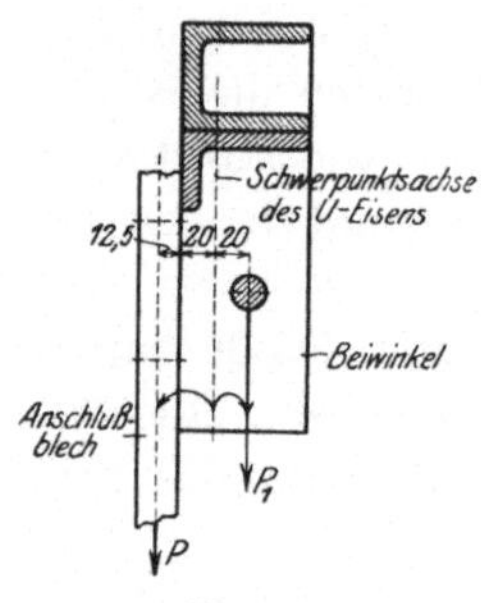

Fig. 47 a.
Darstellung der Kraftangriffe
bei den Stäben 59 und 61.

∿ 20 mm **rechts** von der Schwerpunktsachse des ∪-Eisens entfernt (Fig. 47 a). Gleichmäßige Haftung aller Nietverbindungen vorausgesetzt, lagen somit beim Stabe 59 zwei Biegungsmomente, ein rechtsdrehendes und ein linksdrehendes, vor. Daher hätte man bei dem Stabe 59 jedenfalls geringeres Durchbiegen des ∪-Eisens erwarten sollen als beim Stabe 61 ohne Beiwinkel. Dementgegen war nach der Lage der beiden punktierten Schaulinien Fig. 47 zueinander die Durchbiegung des Stabes 59 größer als die des Stabes 61. Auf die Erklärung dieser Erscheinung komme ich nach Besprechung der Gleitbewegungen zurück (s. S. 30).

Bei den aus **zwei** ∪-Eisen bestehenden Stäben 60 und 62 (Fig. 39 und 41) waren die an je einem ∪-Eisen beobachteten Durchbiegungen, Fig. 48, wesentlich kleiner als bei den Stäben 59 und 61 (s. Fig. 47) [1], aber auch hier wieder bei dem Stabe 60 mit Beiwinkel größer als bei dem Stabe 62 ohne Beiwinkel.

Die Stege der ∪-Eisen krümmten sich bei allen vier Stäben 59 bis 62 nach innen (s. Fig. 47 und 48), d. h. zwischen die Flanschen hinein. Bei den Stäben 60 und 62

____
[1] Die Belastungen sind in Fig. 47 in doppeltem Maßstabe aufgetragen.

war dies Krümmen entsprechend dem geringen Biegen der U-Eisen verschwindend klein. In Fig. 48 ist sein Verlauf nur für den Stab 60 durch Schaulinie dargestellt.

b) Die an den Anschlüssen beobachteten Gleitbewegungen (Verschiebungen) sind in Tab. 12 zusammengestellt. Nach den Mittelwerten für die gleichartigen Messungen an demselben Stabende sind die Schaulinien Fig. 49 bis 52 verzeichnet.

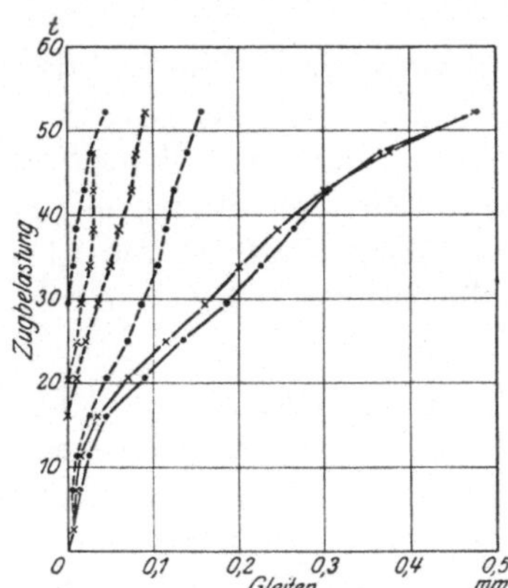

Fig. 49. Gleiten in den Verbindungen an den Anschlüssen bei Stab 59.

• am rechten, × am linken Ende. — U-Eisen gegen Anschlußblech, ---- U-Eisen gegen Beiwinkel. — — Beiwinkel gegen Anschlußblech.

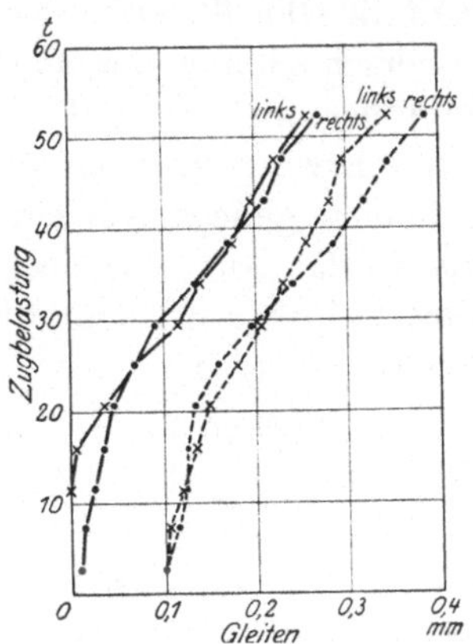

Fig. 51. Gleiten des U-Eisens gegen das Anschlußblech bei Stab 61.

• am rechten Ende, × am linken Ende. — neben Nietreihe 1, ---- neben Nietreihe 5.

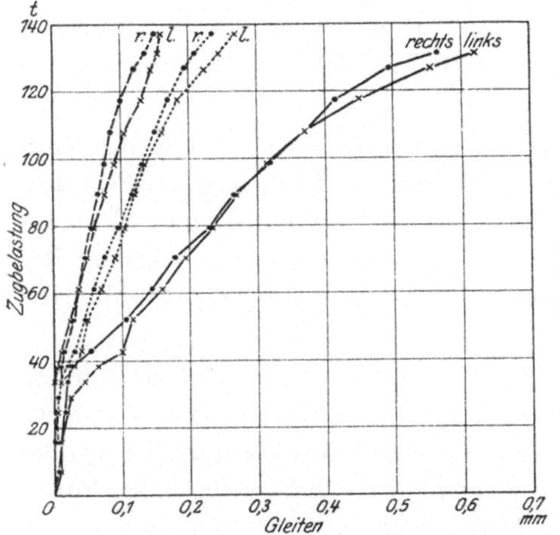

Fig. 50. Gleiten in den Verbindungen an den Anschlüssen bei Stab 60.

am rechten Ende, × am linken Ende. — U-Eisen gegen Anschlußblech, ---- U-Eisen gegen Beiwinkel, — — Beiwinkel gegen Anschlußblech.

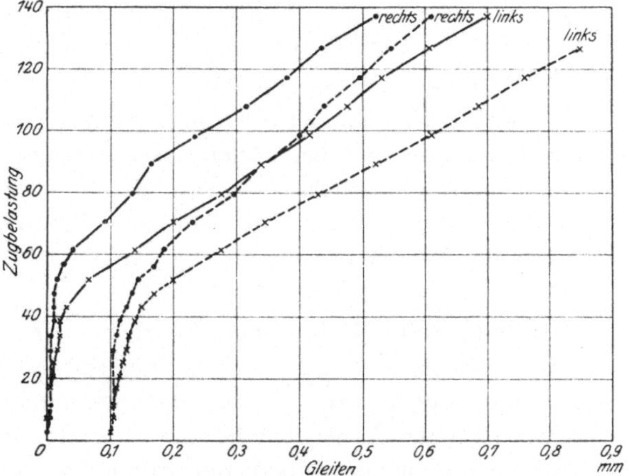

Fig. 52. Gleiten des U-Eisens gegen das Anschlußblech bei Stab 62.

am rechten Ende, × am linken Ende. -- neben Nietreihe 1, --- neben Nietreihe 5.

Das Gleiten des U-Eisens gegen das Anschlußblech, gemessen in gleichgelegenen Querschnitten, war bei den Stäben 59, 60 und 61 (Fig. 49, 50 und 51) an beiden Stabenden nahezu gleich groß und beim Stabe 61 (Fig. 51) neben der Nietreihe 1 fast ebenso groß wie neben der Nietreihe 5. Weniger gut war die Übereinstimmung bei dem Stabe 62 (Fig. 52).

Beim Stabe 60 (Fig. 50) zeigte auch das Gleiten des U-Eisens gegen den Beiwinkel sowie des Beiwinkels gegen das Anschlußblech an beiden Stab-

enden befriedigende Übereinstimmung, obgleich die Messungen in verschiedenen
Nietreihen ausgeführt sind (rechts in Reihe 1 und links in Reihe 2). Bei dem Stabe 59
zeigen sich dagegen recht erhebliche Unterschiede (s. Fig. 49). Durch diese Gleiterscheinungen sind naturgemäß die Kraftübertragungen vom Anschlußblech aus
auf die ⊔-Eisen wesentlich beeinflußt, indem mit dem Beginn des Gleitens der Kraftangriff in die Gleitfläche verlegt ist. Da nun die Gleiterscheinungen bei den einzelnen
Stäben verschieden waren, so ist es erklärlich, daß auch der Verlauf und die Richtung
der Durchbiegungen der ⊔-Eisen, wie oben erörtert ist (s. S. 28), verschieden waren und
nicht den Erwartungen entsprachen, die unter der Annahme völliger Starrheit der
Verbindungen gehegt worden sind. Hierzu kommt bei den Stäben mit nur einem,
einseitig an das Anschlußblech angeschlossenen ⊔-Eisen (Stab 59 und 61) der nicht
bestimmte Einfluß des Durchbiegens des Anschlußbleches selbst, wie es in Fig. 53
deutlich zutage tritt.

Bei den Stäben 61 und 62 ohne Beiwinkel war das Gleiten des ⊔ Eisens gegen
die Anschlußbleche (Fig. 51 und 52) unter den gleichen Belastungen wesentlich geringer als bei den Stäben 59 und 60 (Fig. 49 und 50). Der längere unmittelbare
Anschluß mit 10 Nieten ohne Beiwinkel hat sich also auch hier für
⊔ - Eisen ebenso wie oben für die Winkel dem kürzeren Anschluß unter
Verwendung von Beiwinkeln hinsichtlich des Gleitens überlegen erwiesen.

c) Die Dehnungsmessungen, Tab. 11, sowie Fig. 38 und 38a, decken sich
mit den Beobachtungen für die Durchbiegungen (B). Beim Stabe 59 war B größer
als bei 61 (s. Fig. 47) und dementsprechend war bei den gleichen Belastungen auch
die Dehnung $\delta_{59} > \delta_{61}$ (s. Fig. 38).

Stab 60 bog bis zu etwa 55 t nach den Flanschen hin durch, d. h. von der Zugachse ab, und erst bei höheren Belastungen in umgekehrter Richtung (s. Fig. 48).
Dem entspricht nach Fig. 38a, daß die mittleren Dehnungen δ an den Flanschrändern (Meßstellen e und f) bis zu 60 t größer und von da ab für die gleichen Belastungen kleiner waren als die mittleren Dehnungen δ an den beiden Stegkanten
(Meßstellen a und b).

Beim Stabe 62 bestehen die gleichen Beziehungen zwischen den Beobachtungen
für B und δ, nur daß B hier zunächst nach der Zugachse hin und erst von etwa
80 t umgekehrt gerichtet war und demgemäß δ für die Stegkanten anfänglich größer
war als für die Flanschränder. Der Wendepunkt liegt aber auch hier für beide Formänderungen bei derselben Belastung, bei 80 t (Fig. 38a).

Bei den doppelten, aus zwei ⊔-Eisen bestehenden Stäben 60 und 62 war die
Durchbiegung B (s. Fig. 48) nicht erheblich, und daher ist auch der Unterschied in
den Dehnungen an den Flanschrändern und Stegkanten nicht groß (s. ·Fig. 38a).
Die einfachen, nur aus einem ⊔-Eisen bestehenden Stäbe 59 und 61 bogen stark
durch (s. Fig. 47), und für diese Stäbe zeigt Fig. 38, daß schon von 10 t Belastung
ab die Spannungsverteilung über den Querschnitt der ⊔-Eisen sehr ungleichmäßig
wurde und bei etwas über 40 t Belastung sogar eine geringe Entlastung der Flanschränder begann.

Aus den Verhältniszahlen für $\dfrac{\sigma_{max}}{\sigma}$ Tab. 11 ergibt sich, daß die größten Randspannungen σ_{max} in den ⊔-Eisen besonders bei geringeren Belastungen erheblich

größer waren als die für den Anschluß unter der Annahme gleichmäßiger Lastverteilung über den Querschnitt berechneten Spannungen σ.

d) **Für die Festigkeiten** der vier Stäbe ergeben sich folgende Werte:

I. Eintritt stärkeren Gleitens im Anschluß:

beim Stab Nr.	59	60	61	62
Gesamtbelastung . . . . kg	15 000	34 000	20 500	40 000
Zugspannung im U-Eisen σ_1 kg/qcm	520	590	710	690
Schubspannung in den Nieten kg/qcm	480	540	650	640

II. Bruchfestigkeit:

Gesamtbelastung . . . . kg	100 240	215 300	108 420	220 200
Zugspannung im U-Eisen σ_2 kg/qcm	3 480	3 730	3 770	3 820
Schubspannung in den Nieten kg/qcm	3 190	3 420	3 460	3 500

Fig. 53. Stab 59 unter der Zugbelastung verbogen.

Fig. 54. Stab 59 mit abgeschorenen Nieten des direkten Anschlusses.

e) **Den Verlauf der Zerstörungen** zeigen die Lichtbilder Fig. 53 bis 58. Beim Stabe 59 (Fig. 53 und 54) waren an dem einen Ende die 6 Niete, die den Steg des U-Eisens mit dem Anschlußblech verbanden, abgeschoren, und die übrigen Anschlußniete waren stark verbogen.

Beim Stabe 60 (Fig. 55) war an dem einen Ende das eine der beiden U-Eisen gerissen und das andere U-Eisen nebst den beiden Beiwinkeln durch Abscheren aller 10 Niete von dem Anschlußblech getrennt.

Der Bruch des U-Eisens ging sowohl im Steg als auch in den Flanschen durch die letzten Nietlöcher. Die Beiwinkel waren von dem nicht gerissenen U-Eisen stark abgebogen. Beide Fig. 54 und 55 lassen deutlich erkennen, daß die Beiwinkel, dem Anschlußblech folgend, sich erheblich gegen das U-Eisen verschoben haben.

Beim Stabe 61 (Fig. 56) waren an dem einen Stabende alle 10 Anschlußniete abgeschoren; die Löcher der Nietreihe 4 und besonders die der Reihe 5 im U-Eisen waren langgestreckt.

Fig. 55. Zerstörter Anschluß des Stabes 60.
Oberes U-Eisen gerissen, am Anschluß des unteren U-Eisens alle Nieten abgeschoren.

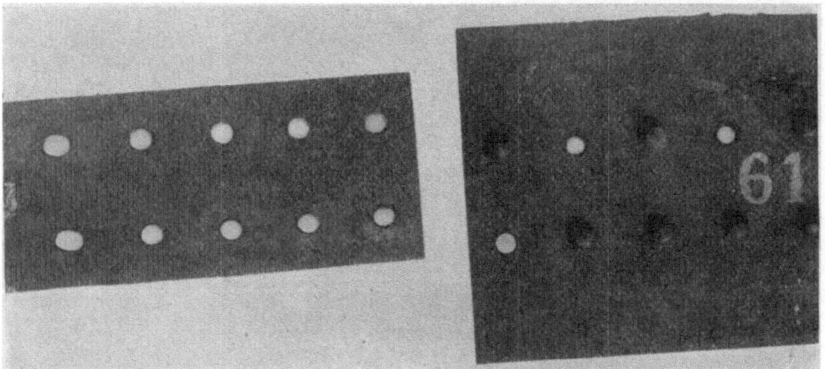

Fig. 56. Zerstörter Anschluß des Stabes 61. Nieten sämtlich abgeschoren. Löcher zum Teil gestreckt.

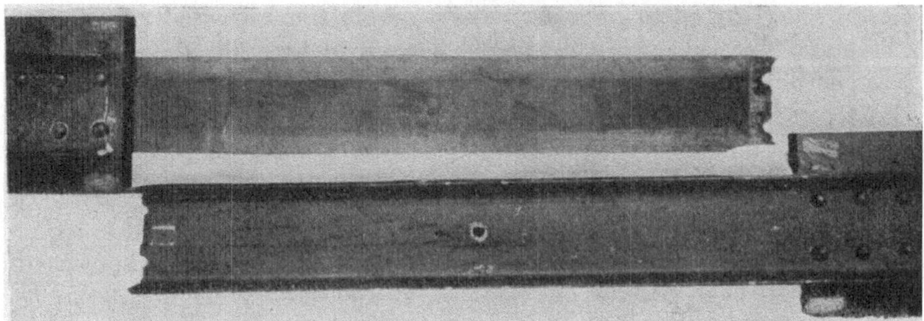

Fig. 57. Stab 62, die beiden U-Eisen an verschiedenen Stabenden gerissen.

Beim Stabe 62 (Fig. 57 und 58) waren beide U-Eisen gerissen, das eine an dem rechten, das andere an dem linken Ende des Stabes. Die Brüche gingen durch die letzten Nietlöcher. An den nicht gerissenen Enden waren die Nietlöcher 5 gestreckt, so daß sie teilweise unter den Nietköpfen hervorragten, Fig. 58.

3. Einfluß der Anordnung der Anschlüsse.

Die Anschlüsse der Stäbe 59 und 60 glichen in ihrer Anordnung denen der Stäbe 4 (Fig. 10) und 5 (Fig. 14) aus Reihe I. Bei beiden Paaren waren die Stege der U-Eisen mit 6 Nieten angeschlossen; die Flanschen der U-Eisen waren aber bei den Stäben 4 und 5 durch je vier Niete, bei den Stäben 59 und 60 nur durch je zwei Niete mit den Beiwinkeln verbunden und die letzteren bei den Stäben 4 und 5 durch je drei Niete, bei den Stäben 59 und 60 durch je zwei Niete an das Blech angeschlossen. Dabei war der Nietdurchmesser bei den Stäben 4 und 5 gleich 23 mm, bei den Stäben 59 und 60 gleich 20 mm. Hierdurch ergeben sich folgende Unterschiede zwischen den tragenden Querschnitten der Verbindungen:

Stab Nr.	4	59	5	60	
Nettoquerschnitt F der U-Eisen	26,9	28,8	53,8	57,6	qcm
Scherquerschnitt Q der Niete	49,8	31,4	99,6	62,8	,,
Verhältnis Q/F	1,85	1,09	1,85	1,09	,,

Vergleicht man nun die erzielten Bruchlasten unter Berücksichtigung der Lage der Brüche, so ergibt sich, daß beim Stabe 4 das U-Eisen unter 113 340 kg Belastung = 4230 kg/qcm Spannung riß (Fig. 13), während beim Stabe 59 die Niete abgeschoren wurden (Fig. 54) bei einer Belastung = 100 240 kg, die im U-Eisen nur 3480 kg Zugspannung erzeugte. Der Stab 4 trug somit insgesamt um 13% mehr, und die Zugspannung im U-Eisen war um 14% größer als beim Stab 59. Hieraus folgt zur Genüge, daß der unmittelbare Anschluß mit nur 6 Nieten von 20 mm Durchmesser beim Stabe 59 zu schwach war, um die höchste erreichbare Festigkeit des Stabes zu erzielen. Die hierzu erforderliche geringste Anzahl und

Fig. 58. Stab 62, Nietlöcher unter den Köpfen der nicht abgeschorenen Niete lang gestreckt.

Stärke der Nieten läßt sich aus den vorliegenden beiden Versuchen noch nicht erkennen.

Bei dem doppelten Stabe 5 rissen beide U-Eisen (Fig. 16); ein Beweis, daß auch hier der Gesamtnietquerschnitt Q hinreichend groß gewählt war. Die erreichte höchste Zugspannung betrug aber nur 3840 kg/qcm gegenüber 4230 kg beim Stabe 4 und die erzeugte Schubspannung in den Nieten gar nur 2080 kg/qcm. Dies deutet

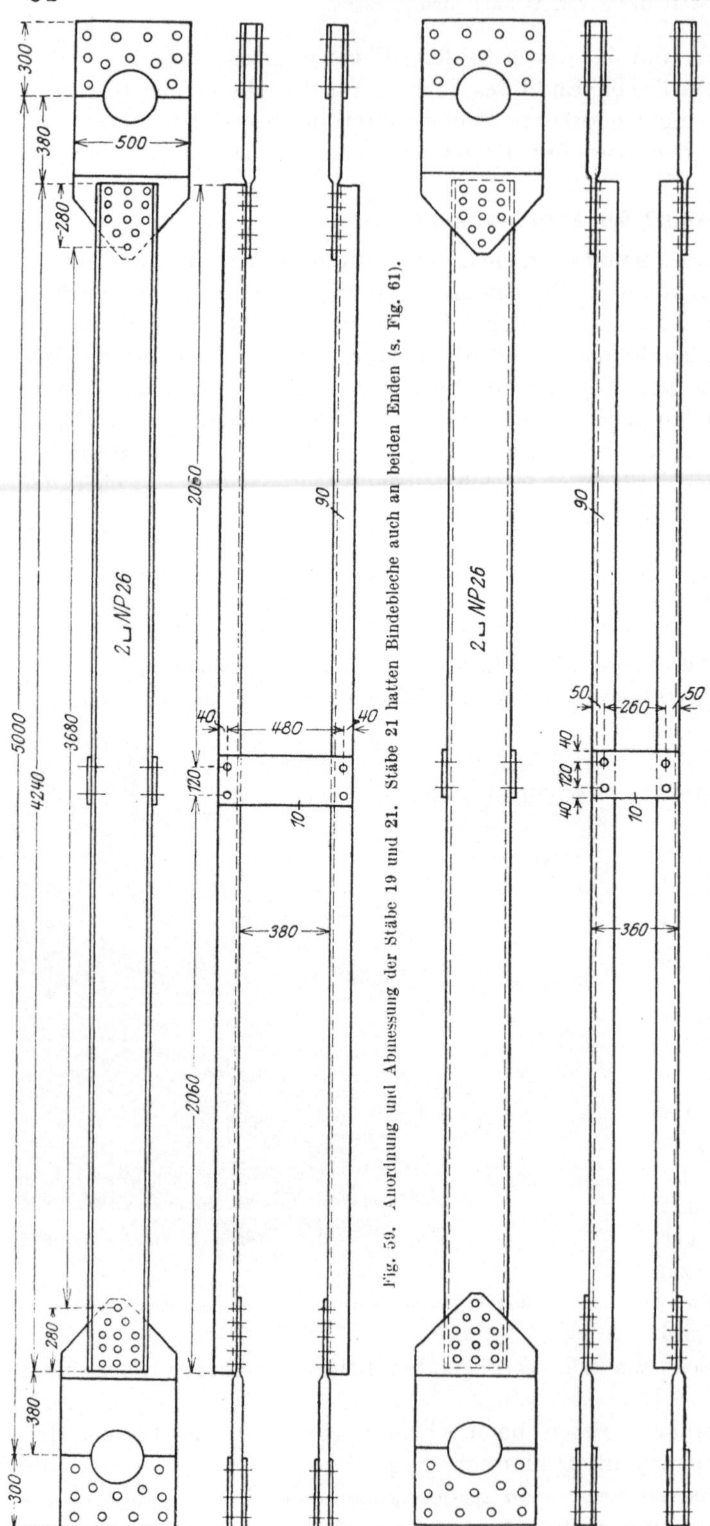

Fig. 59. Anordnung und Abmessung der Stäbe 19 und 21. Stäbe 21 hatten Bindebleche auch an beiden Enden (s. Fig. 61).

Fig. 60. Anordnung und Abmessungen der Stäbe 20 und 22. Stäbe 22 hatten Bindebleche auch an beiden Enden.

darauf hin, daß der Durchmesser der Nieten zugunsten eines größeren Nettoquerschnittes, also auch einer größeren Zugfestigkeit der ⊔-Eisen geringer hätte gewählt werden können, um die größtmögliche Festigkeit des Stabes zu erzielen.

Der doppelte Stab 60 lieferte mehr als die doppelte Festigkeit des einfachen Stabes 59, und das gleichzeitige Reißen des einen ⊔-Eisens und Abscheren der Anschlußniete des anderen (Fig. 55) läßt die Ansicht aufkommen, daß bei diesem Stabe die höchste erreichbare Festigkeit des Anschlusses tatsächlich erzielt ist; dem widerspricht aber wieder der Umstand, daß die Zugspannung im ⊔-Eisen nur $\sigma_2 = 3730$ kg/qcm beträgt, während beim Versuch 4 $\sigma_2 = 4230$ kg/qcm und beim Stab 62 $\sigma_2 = 3820$ kg/qcm erreicht worden ist.

Der Vergleich der mit den Stäben 59 bis 62 erzielten Ergebnisse untereinander zeigt zunächst, daß die Belastung beim Beginn des Gleitens bei den doppelten Stäben 60 und 62 auch doppelt so groß war als bei den einfachen 59 und 61. Die Bruchfestigkeit der doppelten Stäbe übertrifft die zweifache Festigkeit der einfachen, und zwar bei den Stäben mit besonderen Beiwinkeln um etwa 8%, bei den nur direkt angeschlossenen Stäben um etwa 2%. Im übrigen war die Ausnutzung der Festigkeit bei den Stäben ohne Beiwinkel etwas günstiger als bei den Stäben mit solchen. Die Unterschiede betragen für die Zugfestigkeiten bei den einfachen Stäben 8,3%, bei den doppelten 2,4% und für die Schubfestigkeiten 8,7 und 2,3%.

Reihe III.

Versuche mit Zugdiagonalen.

A. Gegenstand der Untersuchung.

Die untersuchten 12 Stäbe, von denen je 3, gez. 19, 20, 21 und 22, die gleichen Abmessungen und Anordnungen besaßen, sind einer ausgeführten Fachwerkbrücke nachgebildet. Sie bestanden nach Fig. 59 und 60 je aus zwei parallelen U-Eisen NP. 26 von 4,24 m Länge, die an den Enden beide für sich mit Anschlußblechen A, Fig. 61, versehen waren. Die U-Eisen lagen bei 2 Paar Stäben, 19 und 21, Fig. 59,

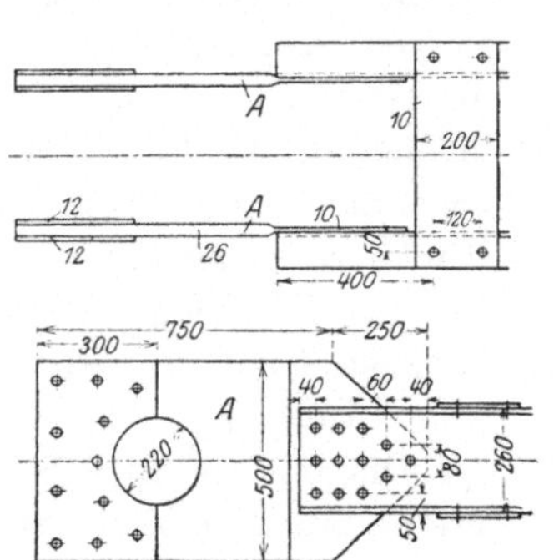

Fig. 61. Abmessungen der Anschlüsse.

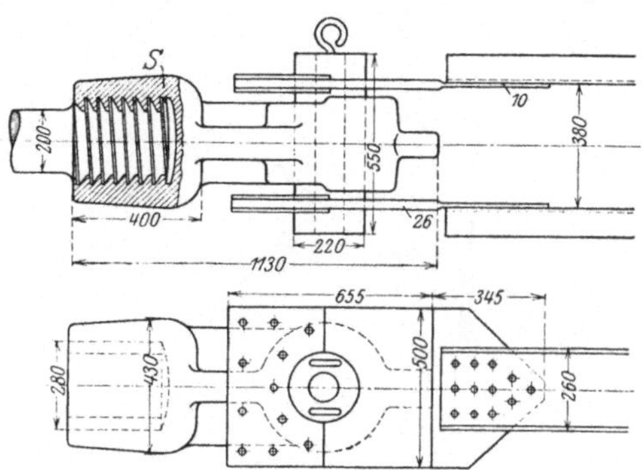

Fig. 62. Einspannvorrichtung der Stabenden.

mit den Flanschen nach außen, und bei 2 Paar Stäben, 20 und 22, Fig. 60, mit den Flanschen nach innen, d. h. einander zugewendet. Der Abstand zwischen den Stegrücken betrug bei den ersteren 380 mm, bei den letzteren 360 mm. Die beiden U-Eisen waren durch Bindebleche von 200 mm Breite und 10 mm Dicke miteinander verbunden. Die Enden der Bindebleche waren mit je zwei Nieten außen auf die Flanschen der U-Eisen aufgenietet. Die Stäbe 19 unterschieden sich von den Stäben 21 und die Stäbe 20 von den Stäben 22 nur dadurch, daß 19 und 20 beiderseits nur ein Bindeblech in der Mitte der Stablänge trugen, die anderen 4 Stäbe, Nr. 21 und 22, dagegen Bindebleche beiderseits, sowohl in der Mitte als auch an beiden Enden (s. Fig. 61).

Die Anschlußbleche waren stets mit 12 Nieten an die Stegrücken der U-Eisen angeschlossen. Ihre Dicke betrug innerhalb des Anschlusses, s. Fig. 61, nach Zeichnung 10 mm und im übrigen symmetrisch zum dünnen Teil 26 mm; ihre größte Breite betrug 500 mm.

Der Durchmesser aller Nieten betrug 21 mm.

Fig. 63. Stab 20 mit Meßvorrichtungen in der 500-t-Maschine.

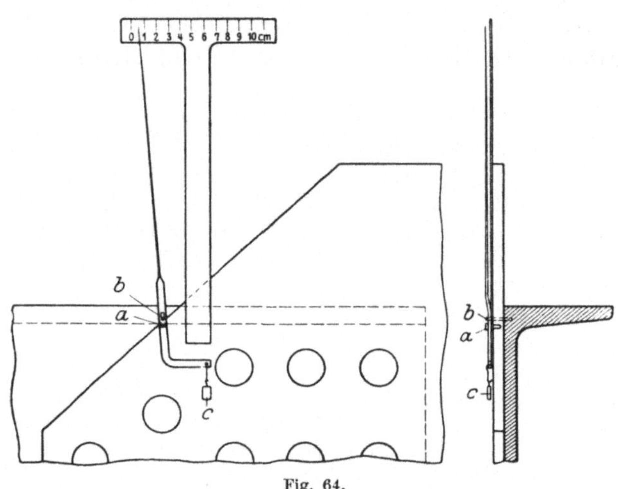

Fig. 64.
Zeigerapparate 1 und 2 für Gleitmessungen.

Die Einspannung der Stabenden in die Zerreißmaschine erfolgte nach Fig. 62 mittels Bolzen von 220 mm Durchmesser, durch die die Anschlußbleche an die für die Versuche besonders beschafften Stahlgußstücke S angelenkt wurden.

Die Versuche bezweckten festzustellen, „ob die Innen- oder Außenlage der ⊔-Eisen bei Diagonalen hinsichtlich der Widerstandsfähigkeit gleichgültig ist, und in welchem Maße die Haltbarkeit solcher Zugglieder durch die an den Enden und in der Mitte angebrachten Bindebleche erhöht wird". Hierzu sind sowohl die Zugfestigkeiten der Stäbe und der Bruchverlauf, als auch die Art und der Verlauf der Formänderungen mit wachsender Belastung und das Verhalten der Nietverbindungen ermittelt.

B. Messung der Formänderungen.

Sämtliche Messungen wurden bei allen Proben immer nur auf der einen Seite vom mittleren Bindeblech vorgenommen, und zwar erstreckten sich die Messungen auf:

1. Das Gleiten der ⊔-Eisen gegen die Anschlußbleche.

Die Messung erfolgte in der Übersetzung 1 : 50 an beiden ⊔-Eisen mittels je eines Zeigerapparates 1 und 2 (s. Fig. 63 und 64). Den Drehpunkt des Zeigers bildete der Stift a, Fig. 64, der am Rande in das Anschlußblech senkrecht fest eingesetzt war, und zwar im Querschnitt der zweiten, 2 Niete enthaltenden Nietreihe. Oberhalb dieses Stiftes war der zweite Stift b, 5 mm von a entfernt, senkrecht in das U-Eisen eingesetzt; dieser Stift ragte über das Anschlußblech hinaus und in einen im Zeiger angebrachten Schlitz hinein. Das an dem seitlichen Arm des Zeigers hängende Gewicht c sorgte dafür, daß der Zeiger stets mit derselben Seite des Schlitzes an dem Stift b anlag. Die Länge des Zeigers betrug 250 mm. Sein Anschlag zeigte somit die Bewegung der beiden Stifte gegeneinander, also die Verschiebung des U-Eisens gegen das Anschlußblech in dem Querschnitt der zweiten Nietreihe in 50-facher Vergrößerung an. Vorausgesetzt ist hierbei, daß die beiden Stifte einander parallel blieben und nicht etwa beim Versuch infolge verschiedenartigen Verbiegens des Anschlußbleches und U-Eisens sich schief zueinander einstellten. In Wirklichkeit stellten sich die Stifte b infolge Verbiegens der Stege der U-Eisen etwas schief.

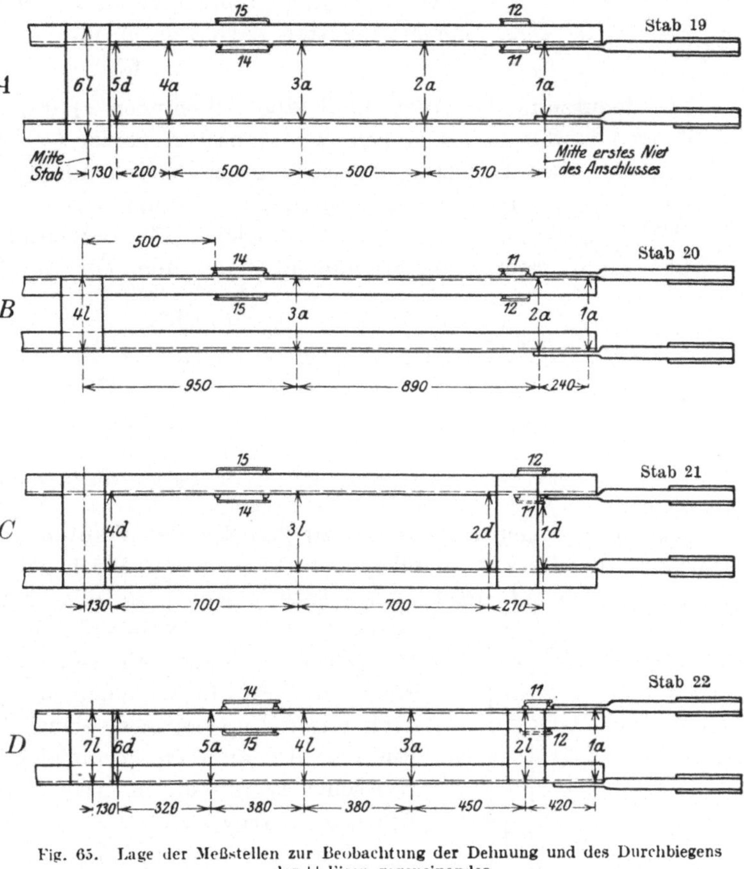

Fig. 65. Lage der Meßstellen zur Beobachtung der Dehnung und des Durchbiegens der U-Eisen gegeneinander.

2. Die Durchbiegung der U-Eisen senkrecht zur Ebene der Stege.

Mit Rücksicht auf den einseitigen Angriff der Zugkräfte an die Stege der U-Eisen durch den Anschluß der Bleche auf der Außenseite der Stege (Stegrücken) war zu erwarten, daß die U-Eisen Durchbiegungen senkrecht zur Ebene der Stege nach der Seite des Anschlusses hin erleiden würden. Die Messung dieser Durchbiegungen an jedem U-Eisen einzeln stieß auf große Schwierigkeiten. Die Beobachtungen beschränkten sich daher darauf, an verschiedenen Stellen die Änderungen in den Entfernungen der beiden U-Eisen voneinander festzustellen. Unter der Annahme, daß beide U-Eisen die gleichen Durchbiegungen erlitten, mußten die Beobachtungen die doppelten Durchbiegungen des einzelnen U-Eisens ergeben.

Die Lage der Meßstellen ist für die zuerst geprüften 4 Stäbe 19 bis 22 aus Fig. 65 A bis D zu ersehen, für die übrigen Stäbe aus den in Fig. 73 bis 76 über den Schaulinien gegebenen Darstellungen. Die Meßstellen sind in diesen Figuren mit laufenden Nummern bezeichnet, und dahinter sind die Zeichen a, l und d angegeben, je nachdem die Messungen ausgeführt sind:

bei a mit gewöhnlichen, in mm geteilten Anlegemaßstäben,
„ l „ Zeigerapparaten nach Fig. 66 und
„ d „ „ „ „ 67.

Bei Benutzung der Anlegemaßstäbe (Messungen a) waren zur Abgrenzung der Meßlängen in die Außenflächen der Flanschen beider ∪-Eisen, und zwar parallel zum Rande, über dem Steg paarweise gegenüberliegende scharfe Längsmarken eingerissen. Die Beobachtungen erfolgten in $^1/_{10}$ mm.

Die Zeigerapparate zu den Messungen l (Fig. 66) bestanden aus einem rhombischen Stahlkörper (Doppelschneide) s, an dem der durch das Gegengewicht g

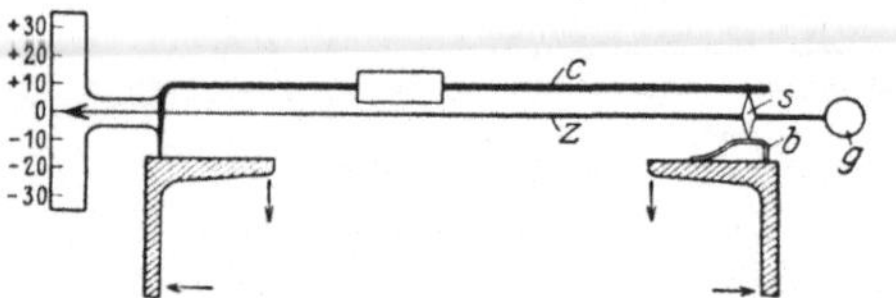

Fig. 66. Zeigerapparat für die Meßstrecken l Fig. 65.

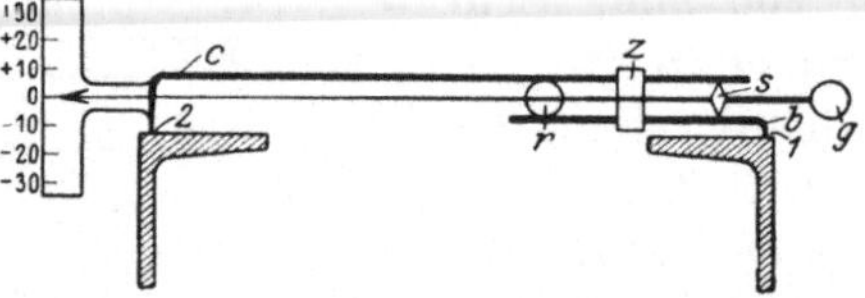

Fig. 67. Zeigerapparat für die Meßstrecken d Fig. 65.

ausgeglichene Zeiger z senkrecht zu den Schneidenkanten von s befestigt war. Die Doppelschneide s war zwischen dem kleinen, aus Blech gebogenen Bock b und der durch ein Gewicht beschwerten Stahlschiene c so eingesetzt, daß das Zeigerende

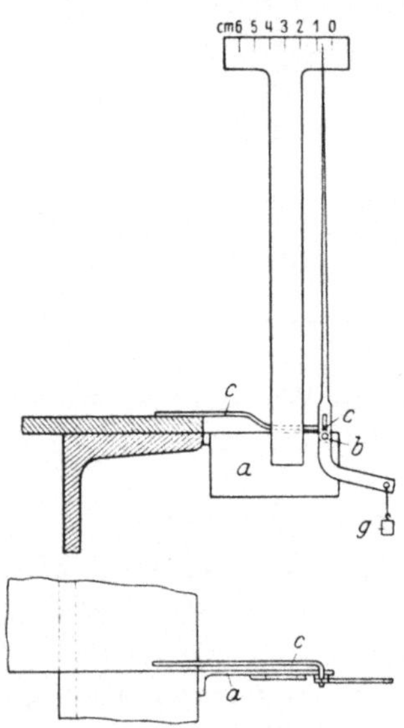

Fig. 68. Zeigerapparate zur Ermittelung der Verschiebungen der ∪-Eisen gegen die Bindebleche.

über der mit c verbundenen Kreisbogenteilung spielte. Der Bock b stand mit seinem rechts gelegenen, zugeschärften Fuß in der einen, die Stahlschiene c mit dem nach unten umgebogenen, ebenfalls zugeschärften, linken Ende in der anderen der beiden in die Flanschen eingerissenen Längsmarken. Das Übersetzungsverhältnis der Apparate betrug 1 : 50.

Wie schon der erste Versuch am Stabe 20 (s. die in Fig. 63 mit l bezeichneten 3 Meßstellen) lehrte, ist diese Art der Messung aus folgendem Grunde nicht völlig einwandfrei. Infolge Durchbiegens des ∪-Eisens senkrecht zur Ebene des Steges bogen Steg und Flanschen sich in Richtung der Pfeile Fig. 66. Der auf dem Flansch ruhende linke Fuß des Bockes b folgte dieser Bewegung, der Bock kippte um die Schneidenkante seines rechten Fußes und der Zeiger schlug entsprechend nach oben aus, als ob eine Abnahme der Meßlänge, d. h. des Abstandes zwischen den beiden ∪-Eisen eingetreten sei. Diese Meßweise wurde daher verlassen und an ihre Stelle das Meßverfahren d gesetzt.

Hierbei wurde die Doppelschneide s (Fig. 67) zwischen den beiden Stahlschienen b und c eingeklemmt, die beide mit ihren schneidenförmigen Enden in den Begrenzungsmarken 1 und 2 der Meßlänge standen, und nach Zwischenschalten der Rolle r durch die Feder z zusammengehalten wurden (s. a. die Anordnung der 6 Apparate Fig. 69).

Fig. 69. Stab 21b mit Meßvorrichtungen in der 500-t-Maschine.

3. Die Längenänderungen der Bindebleche.

Sie wurden bei dem ersten Versuch (Stab 20) mit einer Einrichtung nach Fig. 66 gemessen. Da das Bindeblech sich aber infolge des bereits erwähnten Einwärtsbiegens der Flanschen beim Belasten des Stabes ebenfalls verbog, so mußten die Ergebnisse als unzuverlässig erachtet werden. Bei den weiteren Versuchen wurde daher von Ausführung dieser Messungen Abstand genommen.

4. Die Verschiebungen der Bindebleche gegen die U-Eisen.

Sie wurden in den Meßstellen 9 und 10 am mittleren und bei 32 und 33 am End-Bindeblech wie folgt mit Zeigerapparaten beobachtet. An die Flanschaußenfläche des U-Eisens (s. Fig. 68) wurde das Blechstück a und an das Ende des Bindebleches der Stift c angelötet. In das Blech war der Stift b als Drehachse des Zeigers fest eingelassen, und der Stift c war am Ende zum Eingriff in den Schlitz des Zeigers umgebogen. Letzterer spielte über einer Kreisbogenteilung, die mit dem Blech a verbunden war. Das Übersetzungsverhältnis des Zeigers betrug 1 : 50; geringe Änderungen hieran, die durch Abheben des Bindebleches von dem Flansch des U-Eisens veranlaßt werden konnten, mußten vernachlässigt werden.

5. Das Krümmen der Stege und Abbiegen der Flansche.

Um Anhaltspunkte von dem Beginn und dem Verlauf der mit dem Verbiegen der U-Eisen im Zusammenhang stehenden Änderungen der Querschnittsform der

U-Eisen zu erlangen und zugleich festzustellen, ob und inwieweit die Anschlußbleche dem Krümmen der Stege folgten, sind ermittelt:

a) das Krümmen der Stege und der Anschlußbleche in dem Querschnitt zwischen der zweiten und dritten Nietreihe; die Meßstelle 19 für die Stege zeigt Fig. 69. Die Beobachtungen erfolgten als Tiefenmessungen mikrometrisch auf 200 mm Meßlänge (vgl. das Nietbild Fig. 61), entsprechend dem Abstande der Stützpunkte voneinander, mit denen das die Mikrometerschraube tragende Brett gegen die Innenseite des Steges oder an der Außenseite des Anschlußbleches anlag. Die Stützpunkte wurden gebildet an dem einen Brettende durch die Endkuppen zweier Schrauben, an dem anderen Ende durch eine Stahlkugel mit Blechunterlage am Brett.

b) Das Abbiegen der Flanschen wurde an den Abstandsänderungen der beiden Flanschen in $^1/_{10}$ mm mit Maßstäben und Schleppzeigern gemessen, deren Enden an den Flanschen senkrecht übereinander angebracht waren.

6. Das Krümmen der Bindebleche.

Die Messungen erfolgten, wie Fig. 69 bei 17 und 18 erkennen läßt, ebenso wie das Krümmen der Stege, mikrometrisch. Die Meßlänge oder die Stützweite des die Mikrometerschraube tragenden Brettes war gleich dem Abstande zwischen den beiden Reihen der Anschlußniete; er betrug bei den Stäben mit nach außen liegenden Flanschen 480 mm, bei nach innen liegenden Flanschen nur 260 mm.

7. Die Längenänderungen (Randspannungen) der U-Eisen.

Der einseitige Anschluß der U-Eisen, exzentrisch zur Ebene der Schwerpunktsachse, ließ im voraus Durchbiegen der U-Eisen erwarten. Um die hieraus sich ergebenden, von der gleichmäßigen Verteilung der Zugbelastung über den Querschnitt abweichenden Randspannungen zu ermitteln, sind die Längenänderungen innerhalb der Meßstrecken 11 und 14 (Fig. 65) am Stegrücken in halber Höhe des Steges, und innerhalb 12 und 15 am Rande eines Flansches mit Martensschen Spiegelapparaten gemessen. Die Anordnung der Meßapparate (s. a. Fig. 63 und 69) zeigt Fig. 70.

Außerdem waren feste Spiegel angebracht, an denen die Winkelbewegungen des Stabes im Raum beobachtet wurden, um deren Größe die Ablesungen an den Spiegelapparaten richtigzustellen waren. Auf dem Stegrücken waren dort, wo die Schneiden der Meßfedern und die Spiegelapparate zu liegen kamen, kleine Eisenklötze aufgelötet.

Die Meßlängen betrugen für die Strecken 11 und 12 (am Stabende) 100 mm, bei 14 und 15 (in Stabmitte) 200 mm.

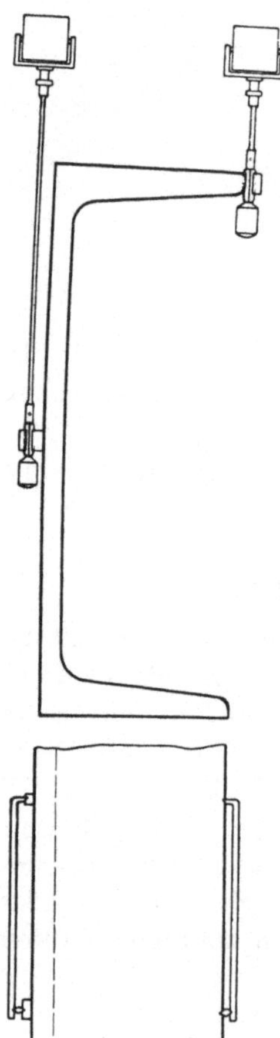

Fig. 70.
Anordnung der Spiegelapparate zu Ermittlungen der Längenänderungen.

C. Die Versuchsergebnisse.

1. Das Gleiten der U-Eisen gegen die Anschlußbleche.

Bei der gewählten Anordnung der Gleitmesser (s. Fig. 64) zeigten letztere **unter der Belastung** nicht ausschließlich die Verschiebung innerhalb des Nietbildes an, sondern in den Anzeigen lagen auch gewisse Formänderungen der beiden miteinander vernieteten und auf Zug beanspruchten Teile. Solange die letzteren aber innerhalb der Elastizitätsgrenze beansprucht blieben, mußten ihre Formänderungen aus den Anzeigen der Gleitmesser entfallen, sobald entlastet war, so daß jetzt nur die bleibenden Verschiebungen zutage traten. Den weiteren Betrachtungen sind daher nur die Ablesungen nach den Entlastungen als Werte der bleibenden Verschiebungen zugrunde gelegt. Die hiernach in Fig. 71 und 72 aufgetragenen

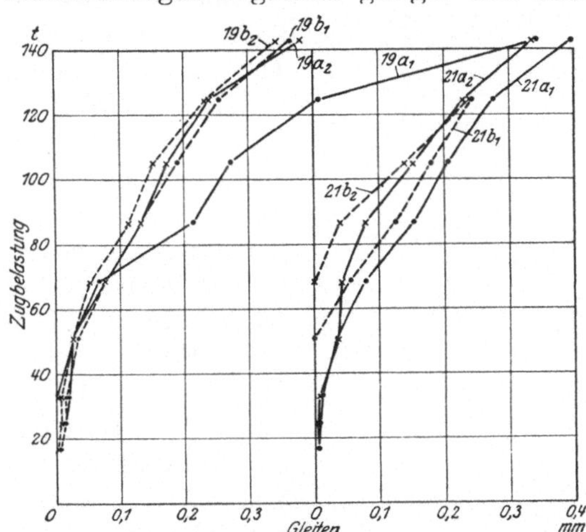

Fig. 71. Bleibende Verschiebung der U-Eisen gegen die Anschlußbleche bei den Stäben 19 und 21.
Stabquerschnitt: ⊐ ⊏.
Die Stäbe 19 hatten Bindebleche nur in der Mitte.
Die Stäbe 21 hatten Bindebleche in der Mitte
und an beiden Enden.

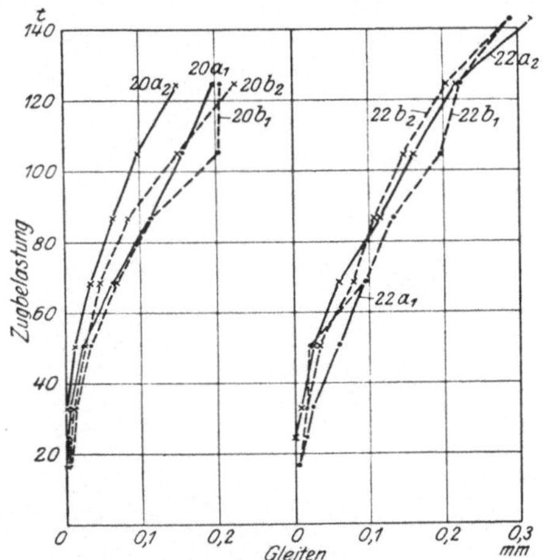

Fig. 72. Bleibende Verschiebung der U-Eisen
gegen die Anschlußbleche bei den Stäben 20 u. 22.
Stabquerschnitt ⊏ ⊐.
Die Stäbe 20 hatten Bindebleche nur in der Mitte.
Die Stäbe 22 hatten Bindebleche in der Mitte
und an beiden Enden.

Schaulinien lassen erkennen, daß Verschiebungen um einige Tausendstel Millimeter bei der Mehrzahl der Anschlüsse schon nach 20 bis 30 t Belastung bestanden und daß dieselben mit wachsender Belastung nahezu stetig zunahmen. Diese Zunahme war in den meisten Fällen stärker als die der Belastung, und nur bei einigen Schaulinien deutet die Umkehr im Verlauf ihrer Krümmung (hohle Seite nach der Ordinatenachse für die Belastung zugewendet) darauf, daß mit fortschreitendem Gleiten die Niete an den Lochwandungen zur Anlage kamen, und das Gleiten nun infolge des einsetzenden Lochleibungsdruckes im Verhältnis zur Belastung weniger stark zunahm.

Ein gesetzmäßiger Einfluß der Anordnung des Stabquerschnittes auf das Gleiten in den Anschlüssen ist, wie auch erwartet werden konnte, **nicht zu erkennen.**

2. Das Durchbiegen der U-Eisen senkrecht zur Ebene der Stege.

Der Verlauf der Durchbiegungen über die Länge der U-Eisen ist nach den Beobachtungswerten Tab. 13 und 14 für die einzelnen Meßstellen bei verschiedenen

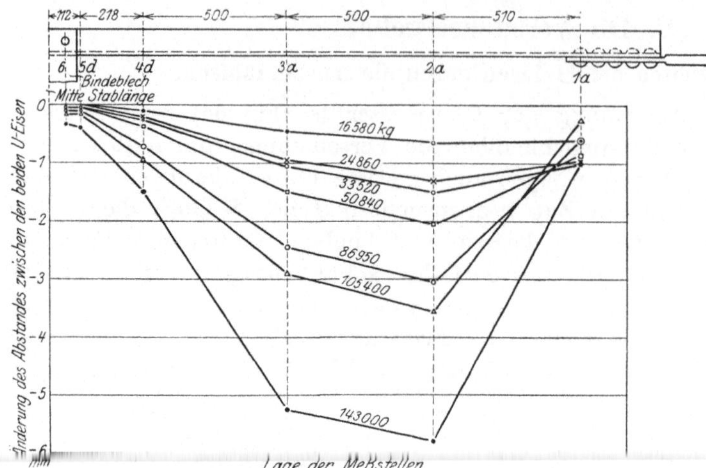

Fig. 73. Summe der Durchbiegungen der beiden ∪-Eisen senkrecht zur Ebene der Stege bei den angegebenen Belastungen.
Mittelwerte für die Stäbe 19a und 19b: Flanschen nach außen, Bindeblech in Stabmitte.

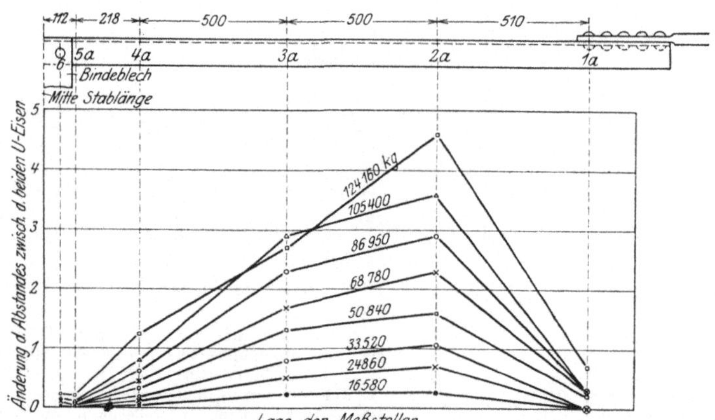

Fig. 74. Summe der Durchbiegungen der beiden ∪-Eisen senkrecht zur Ebene der Stege bei den angegebenen Belastungen.
Stab 20a: Flanschen nach innen, Bindeblech in Stabmitte.

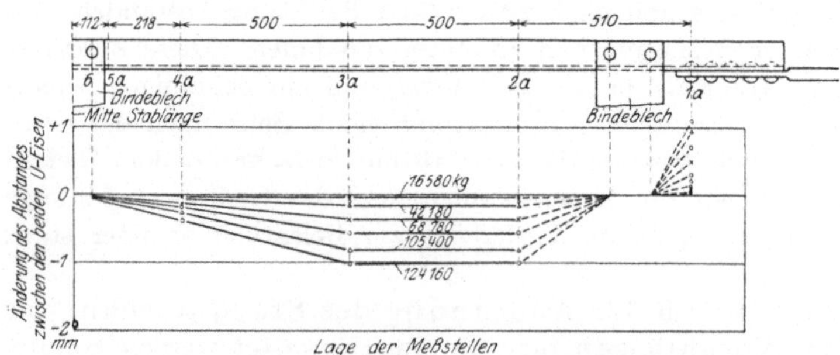

Fig. 75. Summe der Durchbiegungen der beiden ∪-Eisen senkrecht zur Ebene der Stege bei den angegebenen Belastungen.
Mittelwerte für die Stäbe 21a und 21b: Flanschen nach außen. Bindebleche in Stabmitte und an den Enden.

Zugbelastungen durch die Schaulinien Fig. 73 bis 76 dargestellt. Entsprechend der Ausführung der Messungen (s. S. 37) sind die Änderungen der Abstände zwischen den beiden ∪-Eisen aufgetragen. Zu den in den Fig. 73 bis 76 mit 1 bis 5 bezeichneten Meßstellen konnten die Werte den Tab. 13 und 14 unmittelbar entnommen werden. Für die Meßstellen 6, die im Bereich der Bindebleche lagen, ist jeweils die algebraische Summe aus den Verschiebungen der beiden ∪-Eisen gegen das Bindeblech, s. Tab. 15 und 16, als Durchbiegung angesprochen. Wo diese Beobachtungen fehlen, sind die Verbindegeraden zwischen den Beobachtungspunkten demjenigen Punkte auf der Nulllinie des Koordinatensystemes zugeführt, der dem Mittelpunkte des Nietes im Bindeblech entspricht. Diese Linien sind, um ihre Lage als unsicher zu kennzeichnen, gestrichelt.

Bei den Stäben 19 und 20 (Fig. 73 und 74), die Bindebleche nur in der Mitte der Stablänge besaßen, bleibt zu beachten, daß die Stablänge zwischen diesem Bindeblech und dem Einspannbolzen am Stabende etwa 1200 mm betrug, und demnach die Meßstelle 2 in der Mitte dieser

Teillänge lag. Hiermit erklärt sich ohne weiteres, daß die Stäbe 19 und 20 (Fig. 73 und 74) in der Gegend der Meßstelle 2 die größte Durchbiegung erlitten. Ebenso kann im Hinblick auf die Form der Stäbe rechts von der Meßstelle 1 der starke Abfall der Durchbiegungen zwischen den Meßstellen 2 und 1 nicht befremden.

Im übrigen verlaufen die Durchbiegungen bei allen vier Stabarten (Fig. 73 bis 76) regelmäßig. Sie waren, wie im voraus erwartet werden mußte, nach dem Steg hin gerichtet, mit dem die ⊔-Eisen angeschlossen waren. Dementsprechend nahmen die Abstände zwischen den ⊔-Eisen bei den Stäben 19 und 21 (Fig. 73 und 75) mit wachsender Zugbelastung ab, bei den Stäben 20 und 22 (Fig. 74 und 76) dagegen zu. Der Verlauf des Verbiegens mit wachsender Zugbelastung — für die Stäbe 19 und 20 an der Stelle stärkster Krümmung (Meßstelle 2), für die Stäbe 21 und 22 an der Meßstelle 3 — ist in Fig. 77 getrennt dargestellt. Die Abstände der Schaulinien von der Nullordinate lassen erkennen, daß die Lage der Flanschen, nach außen (Stäbe 19 und 21) oder nach innen (Stäbe 20 und 22), die Größe der Durchbiegung nicht beeinflußte; wohl aber war letztere bei den Stäben 21 und 22, die auch Bindebleche an den Enden besaßen, wesentlich geringer als bei den Stäben 19 und 20 mit Bindeblechen nur in Mitte Stablänge. Dieser günstigen Wirkung der Bindebleche an den Enden steht der Nach-

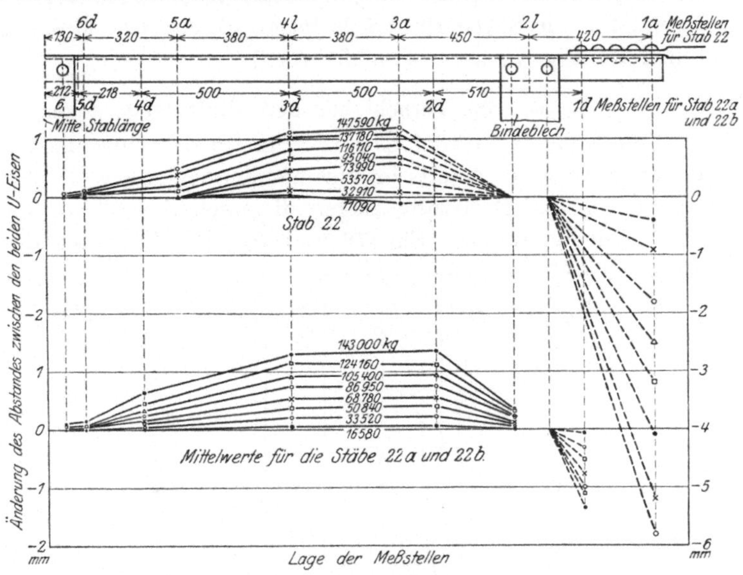

Fig. 76. Summe der Durchbiegungen der beiden ⊔-Eisen senkrecht zur Ebene der Stege bei den angegebenen Belastungen.
Stäbe 22, 22a und 22b: Flanschen nach innen. Bindebleche in Stabmitte und an den Enden.

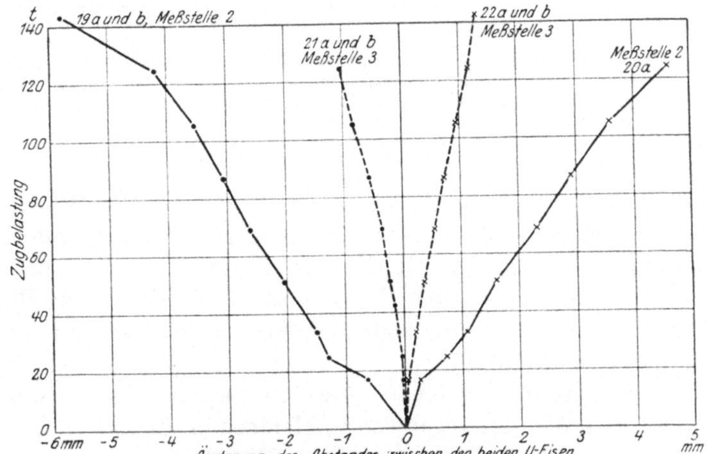

Fig. 77. Summe der Durchbiegungen der beiden ⊔-Eisen senkrecht zur Ebene der Stege mit wachsender Belastung.
Die Flanschen liegen bei 19 und 21 nach außen, bei 20 und 22 nach innen; Bindebleche vorhanden bei 19 und 20 nur in Mitte Stablänge, bei 21 und 22 in der Mitte und an beiden Enden.

teil gegenüber, daß zwischen diesen Endbindeblechen und dem Einspannbolzen der Anschlußbleche starkes Durchbiegen in entgegengesetzter Richtung als zwischen den Bindeblechen stattfand (s. Fig. 75 und 76), mit dem große Biegungsbeanspruchungen der Anschlußbleche verbunden waren. Für die Stäbe 19 und 20 liegen gleichartige Messungen (rechts von den Meßstellen 1a, Fig. 73 und 74) nicht vor.[1])

3. Das Verschieben der Bindebleche gegen die ∪-Eisen.

Sofern dieses Verschieben als Maß für das Durchbiegen der ∪-Eisen in Betracht zu ziehen ist, ist es bereits im voraufgehenden Abschnitt 2 behandelt. Seinen Verlauf mit wachsender Belastung zeigen die nach den Mittelwerten Tab. 15 und 16 aufgetragenen Schaulinien Fig. 78 und 79. Die Richtung des Verschiebens entspricht

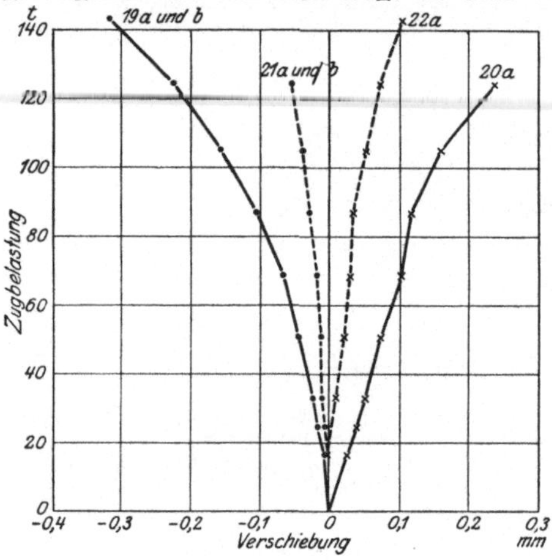

Fig. 78. Verschiebung der zugbelasteten ∪-Eisen
gegen die Bindebleche in Mitte Stablänge.
Die Flanschen liegen bei 19 und 21 nach außen, bei 20
und 22 nach innen; Bindebleche vorhanden bei 19 und
20 nur in Mitte Stablänge, bei 21 und 22 in der Mitte
und an beiden Enden.

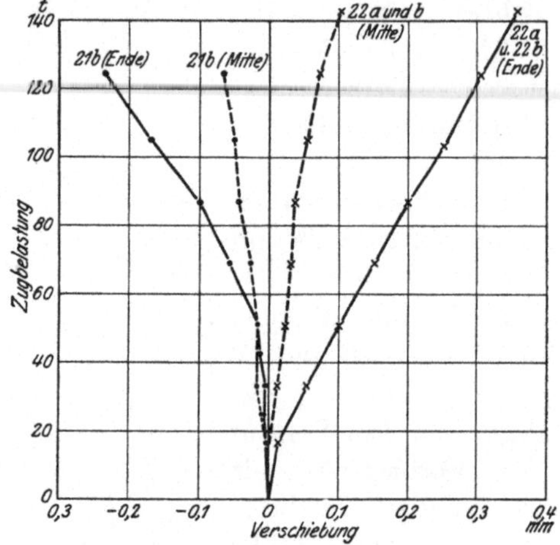

Fig. 79. Verschiebung der zugbelasteten ∪-Eisen
gegen die Bindebleche am Stabende
und in Mitte Stablänge.
Die Flanschen liegen bei den Stäben 21 nach außen,
bei 22 nach innen.

der Richtung des Durchbiegens der ∪-Eisen; der Betrag des Verschiebens gegen das Bindeblech in Mitte Stablänge (Fig. 78) war entsprechend der größeren Durchbiegung der ∪-Eisen bei den Stäben 19 und 20 mit Bindeblechen nur in Stabmitte wesentlich größer als bei den Stäben 21 und 22 mit Bindeblechen auch an den Enden, aber durch die Lage der Flanschen (nach außen oder nach innen) nicht nennenswert beeinflußt.

Bei demselben Stabe (s. Fig. 79) war die Verschiebung gegen das Bindeblech am Ende größer als gegen das Bindeblech in Stabmitte. Auch dieses Ergebnis deutet auf die großen Biegungsmomente (Beanspruchungen) am Ende in den hier mit Bindeblechen ausgerüsteten Stäben.

4. Änderung der Querschnittsform der ∪-Eisen und das Krümmen der Anschlußbleche.

Die zur Ermittelung dieser Formänderungen angewendeten Meßweisen sind unter Abschnitt B, 5 S. 39 u. 40 erörtert. Die Ergebnisse sind in Tab. 17 zusammengestellt. Die Werte sind als $+$ bezeichnet, sofern:

[1]) Die Untersuchungen werden durch weitere Versuche mit ähnlichen Stäben ergänzt und hierbei auch Messungen über das Durchbiegen im Querschnitt der ersten Anschlußniete angestellt werden.

a) das Krümmen der ∪-Eisenstege (Tab. 17, Reihe a) derart erfolgte, daß der Stegrücken auf der Zugseite lag, gleichgültig, ob die Flanschen im Stabe nach außen (Stäbe 19 und 21) oder nach innen (Stäbe 20 und 22) lagen;

b) das Krümmen des Anschlußbleches (Tab. 17, Reihe b) in der gleichen Richtung erfolgte wie das positive Krümmen des danebenliegenden Steges des ∪-Eisens;

c) entsprechend dem positiven Krümmen des ∪-Eisensteges (s. unter a) der Abstand zwischen den beiden Flanschkanten sich verminderte (Tab. 17, Reihe c).

Den Verlauf des Krümmens mit wachsender Belastung veranschaulicht Fig. 80. Aus den über den Schaulinien stehenden Querschnitten zeigt sich, daß die Stege

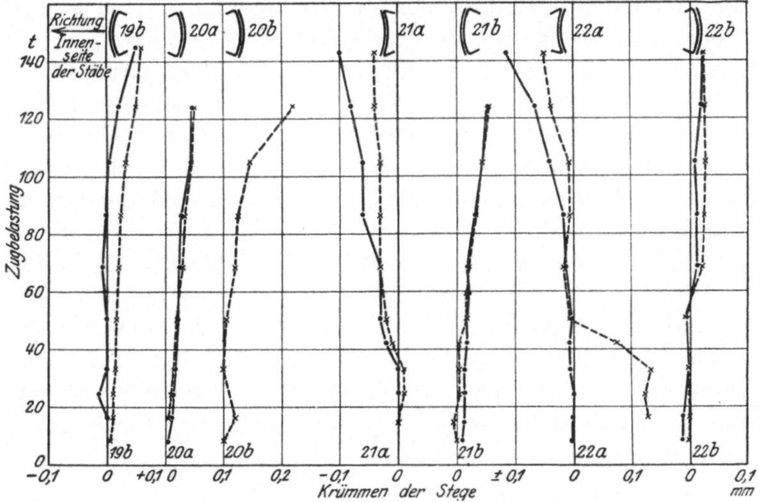

Fig. 80. Krümmen des Steges der ∪-Eisen und der Anschlußbleche.
Beim Krümmen derart, daß die äußere Stegfläche (Stegrücken) auf der Zugseite liegt und das Krümmen des Anschlußbleches die gleiche Richtung hat, sind die Beobachtungswerte als positiv aufgetragen und zwar — für den Steg, ---- für das Anschlußblech.

bei der Mehrzahl der Stäbe, wie nach der Durchbiegung der ∪-Eisen zu erwarten war, sich derart krümmten, daß die Stegrücken auf der Zugseite lagen. Bei den Stäben 21a und 22a war die Krümmung der Stege umgekehrt gerichtet. Dieses abweichende Verhalten läßt es nicht ausgeschlossen erscheinen, daß die Stäbe für einwandfreie Messungen ungeeignet waren, weil ihre Anschlußbleche bei Einlieferung stark verbogen waren, so daß sie vor dem Versuch gerichtet werden mußten. Meßfehler sind ausgeschlossen, da die Krümmung der Anschlußbleche auch hier, ebenso wie bei den übrigen Stäben, mit derjenigen der Stege gleichgerichtet war.

Die Flanschen bogen sich bei allen Stäben, auch bei 21a und 22a, nach innen (s. Tab. 17, c und Fig. 81). Auch dies Ergebnis deutet darauf, daß die Krümmungsmessungen an den Stegen und Anschlußblechen der Stäbe 21a und 22a nicht einwandfrei sind. Bei keinem der Stäbe war die Krümmung der Stege und die Neigung der Flanschen derart groß, daß sie das Widerstandsmoment der ∪-Eisen gegen Biegen merklich beeinflußt haben könnte. Die Beobachtungen aus den normal verlaufenen Versuchen lassen einen gesetzmäßigen Einfluß der Anordnung der ∪-Eisen — Flanschen nach außen oder nach innen — und des Vorhandenseins oder Fehlens der Bindebleche an den Stabenden auf das Krümmen der Stege innerhalb des Anschlusses nicht erkennen.

5. Das Krümmen der Bindebleche.

Die Beobachtungswerte (Tab. 18) stimmen je für die beiden gleichartigen Stäbe gut überein. Aus ihnen ergibt sich folgendes:

a) Auf den nach außen liegenden Flanschen krümmten die Bindebleche in Stabmitte und am Stabende sich am zugbelasteten Stabe in Übereinstimmung mit dem Krümmen der Stege und dem Neigen der Flanschen (s. Tab. 17 a und c) nach oben (außen), auf den nach innen liegenden Flanschen nach unten (innen).

b) Die Krümmungen der Bindebleche auf den nach innen liegenden Flanschen waren wesentlich kleiner als die auf den nach außen liegenden Flanschen, entsprechend den Unterschieden in den Meßlängen (260 und 480 mm).

c) In Übereinstimmung mit der geringeren oder größeren Durchbiegung der ∪-Eisen senkrecht zur Ebene ihres Steges war das Krümmen der in Mitte Stablänge angebrachten Bindebleche bei den Stäben, die auch Bindebleche an den Enden enthielten, geringer als bei den Stäben ohne die letzteren.

d) Bei demselben Stabe war das Krümmen des Bindebleches am Stabende (Meßstellen 18) um das Mehrfache größer als das Krümmen des Bindebleches in Stabmitte.

e) Bleibende Krümmungen sind nur bei den Bindeblechen am Ende der Stäbe 21 und 22 beobachtet, und zwar treten sie auch hier nur bei Belastungen von 124 t und mehr zutage. Die geringen Werte, die sonst für die bleibenden Krümmungen in Tab. 18 unter *b* und *d* aufgeführt sind, dürften darauf zurückzuführen sein, daß die als Stützpunkt des Meßbrettes dienende Kugel beim Krümmen des Bindebleches auf der nicht geebneten Fläche des Steges etwas abrollen mußte.

6. Ermittelung der Randspannungen.

Die beobachteten Längenänderungen am Stegrücken und Flanschrande (s. Abschnitt *B* 7, S. 40) sind für die 4 Stäbe 19, 20, 21 und 22 (erste Lieferung) in Tab. 19 und für die 8 Stäbe 19 a und b bis 22 a und b (spätere Lieferung) in Tab. 20 zusammengestellt. Die Trennung in zwei Gruppen war dadurch bedingt, daß bei Prüfung der Stäbe beider Lieferungen verschiedene Laststufen angewendet waren. Zum besseren Vergleich sind die Beobachtungen für die Meßstellen 11 am Stegrücken und für 12 am Flanschrande, beide am Ende der Stäbe kurz hinter dem Anschluß gelegen, in Fig. 82 und 83 zu Schaulinien aufgetragen, und zwar in Fig. 82 für die 6 Stäbe 19 und 21, bei denen die Flanschen der ∪-Eisen nach außen gerichtet waren und in Fig. 83 für die 6 Stäbe 20 und 22 mit nach innen gerichteten Flanschen. Da es sich um zusammengesetzte Stäbe handelt, bei denen die Kraftübertragung und somit die Größe der Formänderungen an verschie-

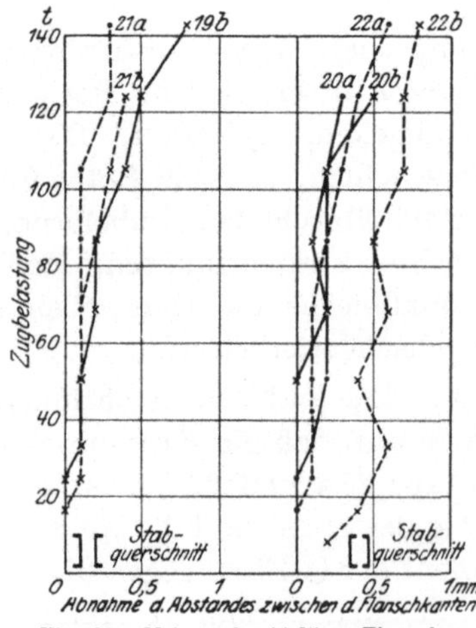

Fig. 81. Neigen der ∪-Eisen-Flanschen nach innen (zusammenbiegen).

denen Stellen von der Güte der Arbeitsausführung abhängig ist, so kann es nicht befremden, daß die einzelnen Schaulinien für die gleichartigen Messungen an den 6 gleichartigen Stäben nicht enger zusammenfallen. Der allgemeine Verlauf der

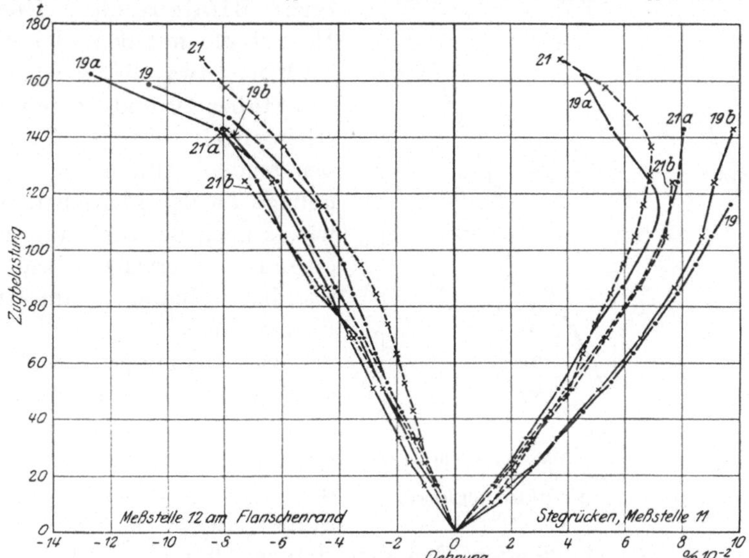

Fig. 82. Dehnung der Randschichten der U-Eisen kurz hinter dem Anschluß.
— Stäbe mit Bindeblechen nur in der Mitte, ---- Stäbe mit Bindeblechen in der Mitte und am Ende.
A. Flanschen der U-Eisen nach außen gerichtet: ⅃Ⲥ.

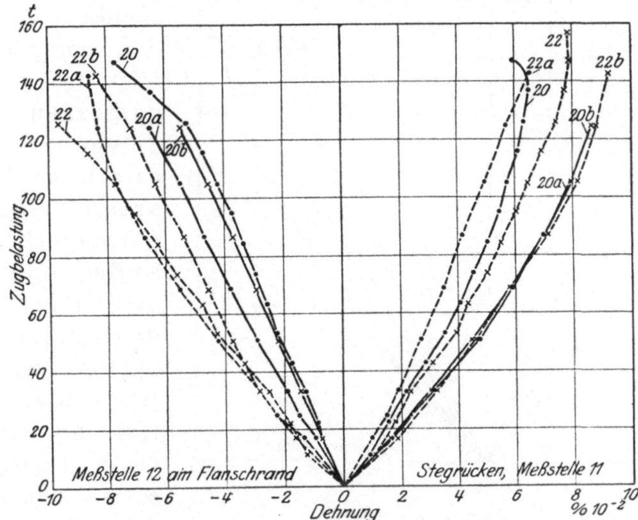

Fig. 83. Dehnung der Randschichten der U-Eisen kurz hinter dem Anschluß.
— Stäbe mit Bindeblechen nur in der Mitte, ---- Stäbe mit Bindeblechen in der Mitte und am Ende.
B. Flanschen der U-Eisen nach innen gerichtet: Ⲥ⅃.

Linien jeder Meßstelle ist aber der gleiche und auch zwischen den Stäben der obengenannten beiden Lieferungen bestehen keine gesetzmäßigen Unterschiede. Den weiteren Betrachtungen sind daher nur die Mittelwerte, Tab. 20, für die Stäbe 19a und b bis 22a und b (Stäbe zweiter Lieferung) zugrunde gelegt, die alle mit den gleichen Laststufen geprüft sind.

Nach diesen Mittelwerten sind die Schaulinien, Fig. 84 und 85, verzeichnet. Nach Fig. 84 waren die Dehnungen an den Meßstellen 14 und 15, gelegen zwischen dem Anschluß und dem mittleren Bindeblech, bei den Stäben 19 und 21, mit den Flanschen nach außen, etwa die gleichen wie bei den Stäben 20 und 22, mit den Flanschen nach innen. Ferner waren bei beiden Anordnungen die Dehnungen an den Flanschen (Linien F), wie es nach der Richtung der Durchbiegung zu erwarten war, geringer als die Dehnungen am Stegrücken (Linien S).

Die Dehnungen $19\,F$ und $19\,S$ (s. Fig. 84) der Stäbe mit nur einem Bindeblech in der Mitte (halbe Länge der Stäbe) waren etwas geringer als die Dehnungen $21\,F$ und $21\,S$ der Stäbe mit 3 Bindeblechen, in der

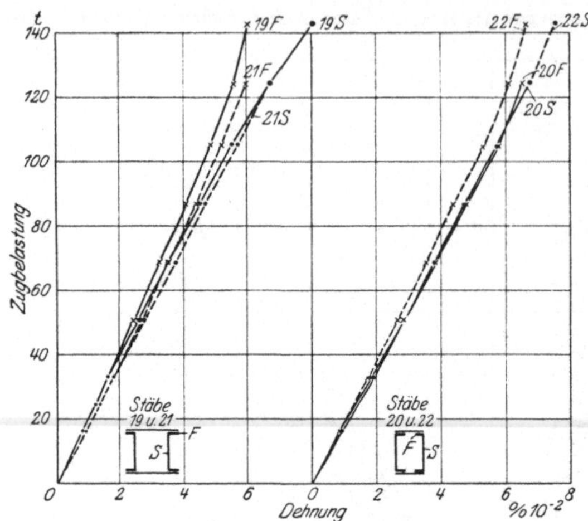

Fig. 84. Mittlere Dehnungen der U-Eisen am Flanschrand (F) und Stegrücken (S), gemessen zwischen Anschluß und mittlerem Bindeblech; Meßstellen 14 und 15, Fig. 63 u. 65.

Mitte und an den Anschlußenden; bei den Stäben 20 und 22 (Flanschen nach innen) lagen die Verhältnisse wenigstens für die Dehnungen F umgekehrt.

Aus den erörterten Ergebnissen der Messungen an den vier Stellen der Stäbe folgt, daß die Dehnungen, gemessen an der gleichgelegenen Stelle, weder durch die verschiedenartige Anordnung der U-Eisen, Flanschen nach außen oder nach innen gerichtet, noch durch das Anbringen von aus einem oder von drei Bindeblechen wesentlich beeinflußt worden sind. Gesetzmäßige Unterschiede ergaben sich aber an demselben Stabe aus den unmittelbar gegenüberliegenden Messungen der Dehnungen S am Stegrücken und F am Flanschrande. Im freien Teil der U-Eisen (Meßstellen 14 und 15, Fig. 84) waren diese Unterschiede nur gering, wesentlich dagegen am Anschlußende (Fig. 85), und zwar hier derart groß, daß am Stegrücken Streckungen, am Flanschrande dagegen erhebliche Stauchungen verursacht worden sind. Von Wert erschien es der Frage nachzugehen, welche Randspan-

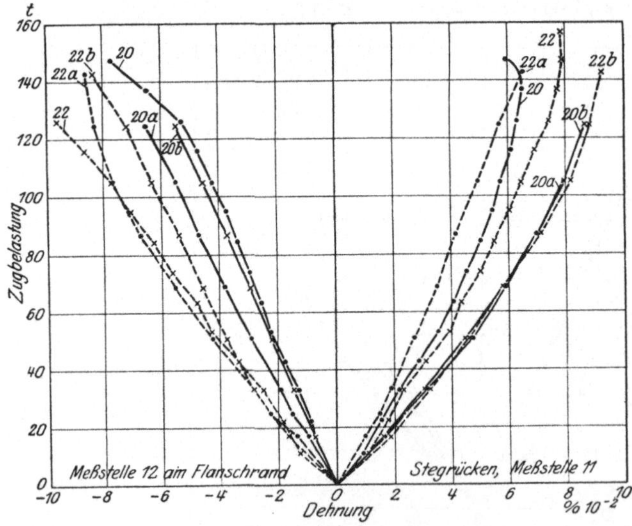

Fig. 85. Mittlere Dehnungen der U-Eisen am Flanschrande und Stegrücken, gemessen am Ende kurz hinter dem Anschluß; Meßstellen 11 und 12, Fig. 63 u. 65.

nungen σ sich aus den Dehnungsmessungen ergeben und in welchem Verhältnis die wirklich entstandenen Randspannungen σ zu den Spannungen σ' stehen, die die Berechnung unter der Annahme gleichmäßiger Spannungsverteilung über den ganzen Querschnitt der U-Eisen ergibt.

Aus der beobachteten Dehnung δ für die Meßlänge l berechnet sich σ bekanntlich mit dem Elastizitätsmodul E des Materials zu

$$\sigma = \frac{\delta}{l}\, E \, . \tag{1}$$

Der Wert von E war zunächst zu ermitteln. Hierzu sind einem U-Eisen des Stabes 22 b zu 4 Zugproben (Flachstäbe) nebeneinander aus dem Steg und den Flanschen entnommen. Die mit ihnen erzielten Ergebnisse (s. Tab. 21), stimmen gut überein mit den Werten, die mit sechs von der Firma Harkort zugleich mit den Stäben eingelieferten Materialproben (je 3 Flachstäbe aus Flansch und Steg), s. Tab. 22, erhalten worden sind. Die Elastizitätszahl des Materials ist nach Tab. 21 zu $E = 19\,900$ kg/qmm für den Flansch und zu $E = 19\,150$ kg/qmm für den Steg ermittelt. Bei Berechnung der Randspannungen σ nach Gleichung (1) ist $E = 20\,000$ kg/qmm zur Vereinfachung angenommen[1]), dann geht Gleichung (1) über in die Form

$$\sigma = \frac{\delta \cdot 20\,000}{10\,000} = 2\,\delta \text{ kg/qcm}. \tag{2}$$

Tab. 23 enthält die Werte für die bei den Zugversuchen mit den Stäben angewendeten Laststufen P in kg, sowie die aus P und dem Gesamtquerschnitt $F = 96{,}6$ qcm der beiden U-Eisen berechneten Zugspannungen σ' bei gleichmäßiger Lastverteilung über den Querschnitt, ferner die aus den Mittelwerten, Tab. 20, nach Gleichung (2) berechneten Randspannungen σ_{11}, σ_{12}, σ_{14} und σ_{15} innerhalb der Meßstellen 11, 12, 14 und 15 und schließlich das Verhältnis der letzteren zu σ'.

Für die Meßstellen 14 und 15 schwanken die Verhältniszahlen um 100. Im Hinblick auf die Unsicherheit des Wertes $E = 20\,000$ kg/qmm und auf die Ungewißheit, ob beide U-Eisen tatsächlich gleich hoch beansprucht waren — die Messungen sind immer nur an einem der beiden U-Eisen desselben Stabes ausgeführt — wird man daher aus den Beobachtungen schließen können, daß die Zugspannungen in etwa 500 mm Entfernung von dem mittleren Bindeblech nahezu gleichmäßig über die Querschnitte der beiden U-Eisen verteilt waren, und demgemäß hier die Spannungsberechnung unter Vernachlässigung der Biegungsspannungen mit der Wirklichkeit befriedigend übereinstimmt.

Für den angewendeten Meßbereich unmittelbar hinter dem Anschluß (Meßstellen 11 und 12) trifft dies aber bei weitem nicht zu. Hier waren die tatsächlichen Randspannungen σ_{11} am Stegrücken, d. h. an den Stellen höchster Zugbeanspruchung, bis zu 88% größer als die unter Vernachlässigung der Biegungsspannungen berechneten Werte σ' und die Druckspannungen σ_{12} an den Flanschrändern waren z. T. ebenso groß, z. T. wesentlich größer als die berechneten Zugspannungen. Fig. 86 zeigt den Verlauf der Spannungsverhältnisse mit wachsender Zugbelastung. Aus den Schaulinien ergibt sich, daß die Unterschiede zwischen σ' einerseits und σ_{11} und σ_{12} andererseits bei geringen Belastungen am größten sind und mit wachsender Belastung regelmäßig abnehmen, aber weder durch die Lage der Flanschen nach außen

---

[1]) Der Unterschied zwischen dem mittleren Beobachtungswert 19 500 und dem in Rechnung gezogenen Wert beträgt 2,5%. Er liegt innerhalb der Unterschiede der Beobachtungswerte Tab. 21.

oder innen, noch durch die Anordnung von Bindeblechen unmittelbar hinter dem Anschluß gesetzmäßig beeinflußt sind.

7. Die Zugfestigkeit der Stäbe.

Die für die einzelnen Stäbe ermittelten Bruchlasten sind in Tab. 24 gegenübergestellt. Bei allen 12 Stäben rissen die Anschlußbleche in der ersten Nietreihe, und zwar bei den meisten Stäben ein Blech, bei einigen Stäben zwei Bleche (s. Fig. 87 bis 89). Die erzielten Bruchlasten waren demnach in erster Linie bedingt durch die Materialfestigkeit der Anschlußbleche. Der auffallende Unterschied zwischen den Bruchlasten der Stäbe 19, 20, 21 und 22 einerseits (220 bis 249 t) und denen der übrigen Stäbe 19a bis 22b von denselben Abmessungen andererseits (135 bis 175 t) war daher nur mit der Verwendung verschiedenartiger Bleche zu erklären, zumal die erstgenannten 4 Stäbe früher eingeliefert waren als die letzteren 8 Stäbe. Um diesen Unterschieden Rechnung zu tragen, sind die Ergebnisse für die beiden Gruppen

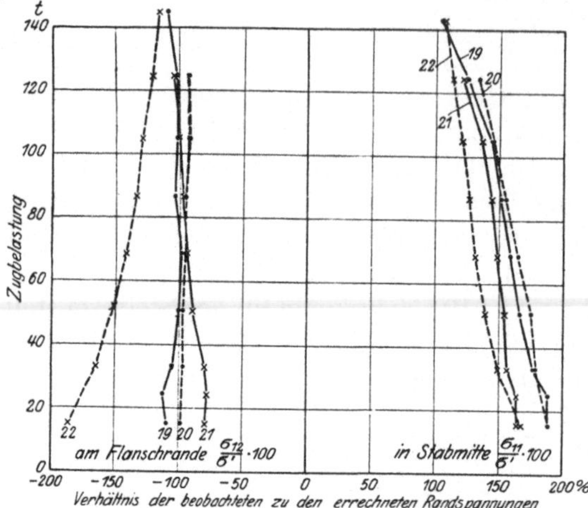

Fig. 86.
Verhältnis der beobachteten Randspannungen zu den bei Annahme gleichmäßiger Spannungsverteilung errechneten Zugspannungen. I beobachtet am Stabende unmittelbar hinter dem Anschluß.

mit 4 und 8 Stäben durch Bildung gesonderter Verhältniszahlen getrennt behandelt. Aus den letzteren ergibt sich folgendes:

a) Die verschiedenartige Anordnung der U-Eisen (Flanschen nach außen oder nach innen) hat die Bruchlast der Stäbe nicht erkennbar beeinflußt. Wenn

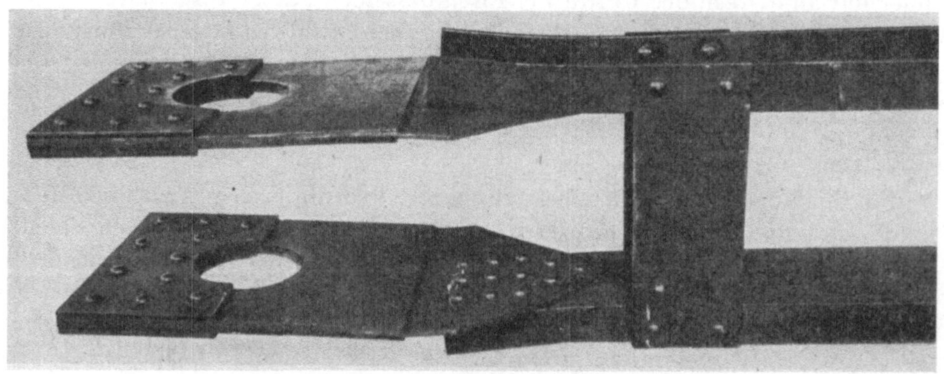

Fig. 87. Bruch des Anschlußbleches des Stabes 21.

ein solcher Einfluß überhaupt vorhanden sein sollte, so wurde er bei den untersuchten Stäben durch das verschiedenartige Verhalten der Stäbe gleicher Anordnung überdeckt, so daß die Verhältniszahlen teils über teils unter 100 liegen.

b) Die Stäbe mit Bindeblechen auch an den Enden lieferten in drei Fällen geringere Bruchlasten als die Stäbe ohne diese Bindebleche (Verhältniszahlen = 95, 89 und 96), im vierten Falle aber nennenswert größere mittlere Bruchlast. Demnach tritt auch der Einfluß der Endbindebleche auf die Bruchlast nicht einwandfrei zutage.

Fig. 83. Bruch des Anschlußbleches des Stabes 22.

Fig. 89. Bruch des Anschlußbleches des Stabes 20.

Tab. 25 bringt die Ergebnisse von Zugversuchen mit 6 Flachstäben, von denen je 3 den gerissenen Anschlußblechen der Stäbe 20a und 22a nach Maßgabe von Fig. 90 entnommen sind. Da die Anschlußbleche innerhalb des Anschlusses beiderseits abgeholt waren, kam für die Beurteilung der Bruchlasten Tab. 24 ausschließlich die Materialfestigkeit der stehengebliebenen Blechkernschicht in Frage. Dieser Schicht entstammen die dem Streifen II entnommenen Stäbe 3 und 6, Tab. 25, während die Stäbe 1 und 4 durch Auftrennen des Streifens I mittels Kaltsäge aus der oberen Außenschicht (Randzone), die Stäbe 2 und 5 der unteren

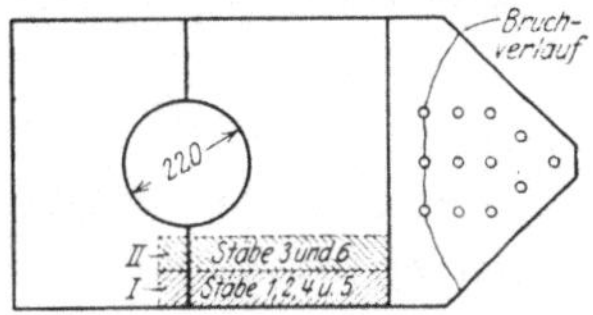

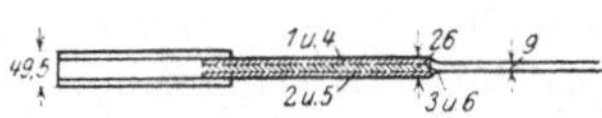

Fig. 90. Entnahme der Materialproben für Zugversuche aus je einem Anschlußblech der Stäbe 20a und 22a. Beide Anschlußbleche an demselben Stabende in gleicher Weise gerissen.

Außenschicht entstammen.

4*

Die 4 Stäbe 1, 2, 4 und 5 aus den Außenschichten zeigen, abgesehen von den Werten für σ_P, gute Übereinstimmung in ihren Eigenschaften. Die Werte für die beiden Kernstäbe 3 und 6 stimmen untereinander ebenfalls gut überein, sie weichen aber von denen der Stäbe aus den Außenschichten nennenswert insofern ab, als ihre Spannungswerte größer und die Dehnungswerte geringer sind.

Fig. 91. Stab 19 nach der Prüfung.

Fig. 92. Stab 20 nach der Prüfung.

Fig. 92a. Stab 20 nach der Prüfung.

Fig. 93. Stab 22 nach der Prüfung.

In Tab. 26 sind mit dem einheitlichen Querschnitt F_a der Anschlußbleche in der ersten Nietreihe mit 3 Nieten $F_a = 2\,(50 \cdot 1,0 - 3 \cdot 2,1) = 87,4$ qcm und den erzielten Bruchbelastungen P der Stäbe die den letzteren entsprechenden Bruchspannungen σ_{B_a} sowie das Verhältnis in $\%$ von $\sigma_{B_a} : \sigma_B$ ($\sigma_B = 4060$ kg/qcm, Tab. 25), berechnet. Hiernach sind bei den vorliegenden Versuchen nur 38 bis 51$\%$ der Materialfestigkeit in den Anschlüssen ausgenutzt. Dieser geringe Betrag dürfte vornehmlich dadurch verursacht sein, daß die Anschlußbleche neben der Zugbelastung erheblich Biegungsbeanspruchungen erlitten. Letztere ergeben sich schon aus den Durchbiegungsmessungen, Fig. 73 bis 76, und treten auch deutlich in den Fig. 91 bis 93 zutage.

Hierzu kommt, daß die Anschlußbleche desselben Stabes nicht gleichmäßig an der Lastübertragung teilnahmen, weil der Gleitwiderstand in den vier Anschlüssen

Fig. 94. Fließerscheinungen an dem Steg des Stabes 19a.

Fig. 95. Fließerscheinungen an dem Steg des Stabes 19b.

verschieden groß war und somit die beiden vereinigten Teilstäbe zur Erzielung gleicher Längung verschieden große Zugbelastungen erforderten.

Fig. 94 und 95 zeigen die Fließerscheinungen an den Stegen der Stäbe 19a und 19b. Man erkennt hieran, daß die größte Materialspannung in den Stegen in dem Querschnitt mit einem Niet herrschte und daß das Fließen sich von hier aus zunächst auf die Querschnitte mit 2 Nieten fortpflanzte. Den gleichen Verlauf des Fließens veranschaulicht auch Fig. 96 an dem Langstrecken der Nietlöcher. Der Querschnitt mit einem Niet hatte die volle Belastung des Stabes aufzunehmen;

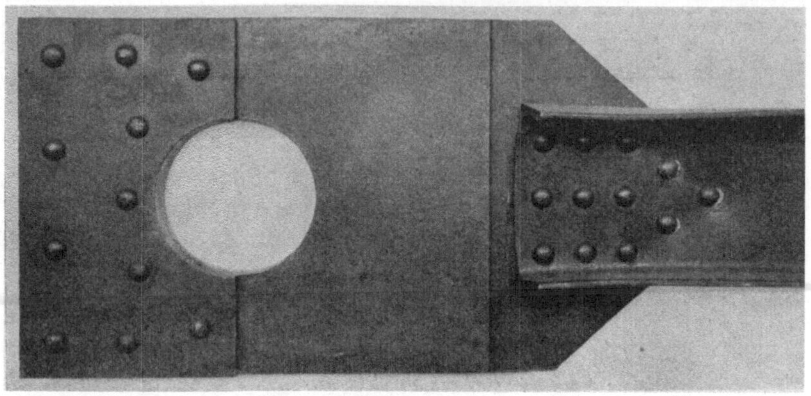

Fig. 96. Anschluß des Stabes 19 mit langgestreckten Nietlöchern.

er betrug 92,4 qcm. Mit diesem Wert und und den Bruchlasten P der Stäbe (s. Tab. 26) berechnen sich folgende Materialspannungen σ_u in den ∪-Eisen und deren Verhältnisse zu der mittleren Zugfestigkeit $\sigma_B = 3780$ kg/qcm des Materials der ∪-Eisen (s. Tab. 21).

Stab Nr.	19a	19b	20a	20b	21a	21b	22a	22b
Materialspannungen σ_u . . . kg/qcm	1900	1620	1460	1750	1690	1680	1890	1710
Verhältnis $\frac{\sigma_u}{\sigma_B} \cdot 100$ . . . . . . %	50	43	39	46	45	44	50	45

8. Zusammenfassung der Ergebnisse der Reihe III.

Die Ergebnisse der Reihe III lassen sich wie folgt zusammenfassen:

1. Das Gleiten der durch Niete verbundenen Teile gegeneinander, d. h. der ∪-Eisen gegen die Anschlußbleche, der Bindebleche gegen die Flanschen der ∪-Eisen, trat schon bei geringen Belastungen ein.

2. Die ∪-Eisen bogen sich, entsprechend dem Kraftangriff durch die Anschlußbleche, nach dem Stegrücken hin durch.

3. Die Stege krümmten sich bei den meisten Stäben derart, daß der Stegrücken auf der Zugseite lag.

4. Die Flansche bogen sich bei allen Stäben nach innen, entsprechend einer Abnahme des Abstandes der Flanschränder voneinander.

5. Die Anschlußbleche krümmten sich senkrecht zur Zugrichtung in dem gleichen Sinne wie die daneben liegenden Stege der ∪-Eisen.

6. Die Längenänderungen der ∪-Eisen, also auch die Spannungen im Bereich der angewendeten Meßlängen, entsprachen den Durchbiegungen (s. unter 2); sie waren innerhalb desselben Meßbereiches an den Flanschkanten geringer als am Stegrücken. Innerhalb der Meßbereiche, die zwischen dem mittleren Bindeblech und dem Anschluß lagen, traten nur Längenzunahmen, also nur

Zugspannungen auf. Ihrer Größe nach lassen die Längenänderungen darauf schließen, daß hier die Zugspannungen annähernd gleichmäßig über den Querschnitt der U-Eisen verteilt waren. In der Nähe des Anschlusses war dagegen der Stegrücken durch Zugspannungen gedehnt und die Flanschränder erheblich gestaucht. In den letzteren herrschten also sogar Druckspannungen. Die aus den Dehnungen berechneten Zugspannungen überschritten die bei gleichmäßiger Spannungsverteilung sich ergebenden Zugspannungen um mehr als 88% und die berechneten Druckspannungen ergeben sich mindestens ebenso groß als die Zugspannungen bei gleichmäßiger Spannungsverteilung hätten sein sollen. Die beobachtete Ungleichmäßigkeit der Spannungsverteilung war bei geringen Belastungen am größten und nahm mit wachsender Belastung regelmäßig ab.

7. Die Ausnutzung der Zugfestigkeiten des Materials der U-Eisen und der Anschlußbleche betrug bei den untersuchten Stäben nur 38 bis 51%.

8. Die verschiedenartige Anordnung der U-Eisen blieb ohne gesetzmäßigen Einfluß auf die Formänderung und die Bruchfestigkeit; nur die Bindebleche krümmten sich naturgemäß bei den Stäben mit den Flanschen der U-Eisen einander zugekehrt nach innen, bei den Stäben mit den Flanschen voneinander abgewendet nach außen.

9. Durch das Hinzufügen der Bindebleche an den Stabenden wurde:

    a) das Durchbiegen der U-Eisen senkrecht zum Steg zwischen dem mittleren Bindeblech und dem Anschluß zwar wesentlich vermindert, aber starkes entgegengesetzt gerichtetes Durchbiegen außerhalb des Endbindebleches verursacht;

    b) entsprechend dem geringeren Durchbiegen der U-Eisen auch das Gleiten des mittleren Bindebleches gegen die Flansche der U-Eisen verringert.

10. Bei demselben Stabe war das Gleiten gegen die Flansche bei dem Endbindebleche und besonders dessen Krümmen größer als bei dem Bindeblech in Stabmitte.

IV. Zusammenfassung aller Versuchsergebnisse.

A. Versuche mit Anschlüssen von Winkel- und U-Eisen an Bleche.

Anordnung der Stäbe s. Fig. 1, 4, 7, 10, 14, 17, 18, 19, 28, 29, 39—42.

1. **Der Widerstand gegen Verschieben** (Gleiten) der einzelnen Konstruktionsteile im Anschluß gegeneinander und die Größe dieser Verschiebungen bei gleichen Zugbelastungen war sowohl bei den Winkel- als auch bei den U-Eisen-Stäben nicht nur durch die Größe der reinen Zugbelastungen allein bedingt, sondern auch wesentlich beeinflußt durch die Nebenspannungen infolge Durchbiegens der Stäbe und Anschlußbleche, verursacht durch den Angriff der Zugkräfte außerhalb der Schwerpunktsachse der Walzprofile. Die auftretenden Biegungsmomente erzeugten je nach ihrer Richtung in den Nieten zusätzliche Scherspannungen oder Zugspannungen. Die mit diesen Zugspannungen verbundenen Dehnungen der Niete hatten Lockerung der Anschlußflächen und somit Verminderung der Widerstände gegen Verschieben im Gefolge.

Waren die Stabenden nur unmittelbar angeschlossen, d. h. ohne gleichzeitige Verwendung von Beiwinkeln, so blieb die Richtung des durch die Exzentrizität des Kraftangriffes erzeugten Biegungsmomentes unverändert, und die Durchbiegung des Stabes erfolgte, mit der Zugbelastung wachsend, in der nach der Rechnung im voraus zu erwartenden Richtung.

Bei den doppelten Anschlüssen, unmittelbar und mittels Beiwinkel, entstehen, bedingt durch die Abstände der Nieten beider Anschlüsse von der Schwerpunktsachse des Walzprofiles, zwei einander entgegengerichtete Biegungsmomente parallel zur Ebene des Anschlußbleches. Solange kein Gleiten der verbundenen Teile gegeneinander stattfand, erfolgte die Durchbiegung der Stäbe beim Versuch in der Richtung des Biegungsmomentes, das sich rechnungsmäßig als das größere von beiden ergab. Beim Gleiten zwischen Profil und Beiwinkel oder zwischen Beiwinkel und Anschlußblech änderte sich aber der Kräftedurchgang innerhalb des Anschlusses und damit auch die Richtung des weiteren Durchbiegens.

2. Die **Ungleichmäßigkeit in der Verteilung der Zugspannungen über die Stabquerschnitte,** die mit dem vorgenannten Durchbiegen verbunden ist, ist durch Dehnungsmessungen an verschiedenen Stellen derselben Stabstrecke auf 100 mm Meßlänge ermittelt. Berechnet sind (s. Tab. 10) die örtlichen größten Spannungen σ_{max} aus den beobachteten größten Dehnungen δ und dem Elastizitätsmodul $E =$ 2 150 000 kg/qcm[1]) $\left(\sigma_{max} = \dfrac{E\delta}{100}\right)$ sowie die reinen Zugspannungen σ aus der Belastung P und dem Nettoquerschnitt F des Stabes. Aus dem Verhältnis $\dfrac{\sigma_{max}}{\sigma} \cdot 100$ ergibt sich, daß die örtlichen Zugspannungen im vollen Profil infolge des Durchbiegens bis zu 300% der rechnungsmäßigen reinen Zugspannung, bezogen auf den Nettoquerschnitt, betrugen (s. Stab 59, Tab. 11). Die Höchstwerte für die Ungleichmäßigkeit der Spannungsverteilung sind bei geringen Zugbelastungen beobachtet, sie blieben aber auch hier weit unter der Streckgrenze des Materials.

3. **Der Gleitwiderstand,** beurteilt nach den Beträgen des Gleitens bei denselben Laststufen, war sowohl bei den Winkel- als auch bei den ∪-Eisen-Stäben zwischen dem Beiwinkel und dem Anschlußblech größer als zwischen dem Beiwinkel und dem Stabe. Dies gilt nicht nur für die Anschlüsse mit der gleichen Anzahl Niete in den beiden Anschlußflächen, sondern trat besonders am Stabe 4 auch dann noch zutage, wenn der Beiwinkel mit 4 Nieten an den Stab und nur mit deren 3 an das Anschlußblech angeschlossen war.

4. Zugversuche mit 3 Stäben aus je einem Winkel NP 9 nur unmittelbar angeschlossen mit 3, 4 und 5 Nieten von annähernd gleichen Gesamtquerschnitten ($Q = 15,93$; 16,60 und 15,70 qcm) lieferten für die Gleitwiderstände in der Anschlußfläche keine gesetzmäßigen Unterschiede. Die Bruchfestigkeiten waren bei 4 und 5 Nieten die gleichen, und zwar wurden in beiden Fällen sämtliche Nieten abgeschert. Bei 3 Nieten riß der Winkel bei einer um 7,5% geringeren Belastung. Die Materialspannungen, bezogen auf die Netto-Querschnitte der Stäbe, betrugen der Reihe nach bei 5, 4 und 3 Nieten 4020, 4100 und 3870 kg/qcm, die Schubspannungen in den Nieten 3510, 3320 und 3190 kg/qcm.

5. ∪-Eisen, die teils mit 10 Nieten im Steg nur unmittelbar, teils mit 6 Nieten im Steg unmittelbar und zugleich durch je zwei Beiwinkel mit je 2 Nieten mittelbar

---

[1]) Dieser Wert ist nicht durch Versuche ermittelt, sondern als bestehend angenommen.

angeschlossen waren, wobei alle Niete 20 mm Durchmesser hatten, bogen senkrecht zum Steg nach der Zugachse hin durch. Die Durchbiegungen waren bei den Stäben aus einem ∪-Eisen (Einzelstäbe) unter gleichen mittleren Zugspannungen wesentlich größer als bei den Stäben aus zwei ∪-Eisen (Doppelstäbe); ferner sowohl bei den Einzelstäben als auch bei den Doppelstäben mit Beiwinkeln größer als bei den Stäben ohne Beiwinkel. Die Stegquerschnitte krümmten sich, zunehmend mit der Durchbiegung, nach der Schwerpunktsachse des Profiles hin.

Der Gleitwiderstand in den Anschlüssen war bei den kurzen Anschlüssen mit Beiwinkeln geringer als bei den längeren Anschlüssen ohne Beiwinkel. Er betrug für den Eintritt stärkeren Gleitens bei den ersteren 480 und 540 kg/qcm, bei den letzteren 650 und 640 kg/qcm, entsprechend einem Unterschiede von 26,5%.

Die Spannungsverteilungen über die vollen Stabquerschnitte waren entsprechend den geringeren Durchbiegungen bei den Doppelstäben gleichmäßiger als bei den Einzelstäben.

Nach allen diesen Beobachtungen erwiesen sich die längeren, unmittelbaren Anschlüsse ohne Beiwinkel bezüglich des Verhaltens der Stäbe gegen wachsende Belastung günstiger als die kürzeren Anschlüsse mit Beiwinkel.

Nach abnehmenden Bruchspannungen geordnet ergeben sich für die verscme denen Stabformen folgende Werte:

Stab Nr.	Art des Stabes	Art des Anschlusses	τ_2 [1] kg/qcm	σ_2 [2] kg/qcm	Bruchverlauf
62	doppelt	} ohne Beiwinkel	3500	3820	beide ∪-Eisen gerissen
61	einzeln		3460	3770	alle 10 Niete abgeschert
60	doppelt	} mit Beiwinkel	3420	3730	ein ∪-Eisen gerissen, am andern alle 10 Niete abgeschert
59	einzeln		3190	3480	die 6 Niete im Steg abgeschert

[1] τ_2 = beim Bruch mittlere Scherspannung in den 10 Nieten.
[2] σ_2 = Zugspannung, bezogen auf den Nettoquerschnitt.

Hiernach lieferten die längeren Anschlüsse ohne Beiwinkeln auch größere Bruchspannungen als die kürzeren Anschlüsse mit Beiwinkeln und in beiden Fällen die Einzelstäbe höhere Bruchspannung als die Doppelstäbe.

Zwei weitere ∪-Eisen-Stäbe (Nr. 4 Einzelstab und 5 Doppelstab), deren Anschlüsse sich von denen der Stäbe 59 und 60 dadurch unterschieden, daß die Beiwinkel statt mit 2 mit 3 Nieten sowohl an das Blech als auch an die Schenkel der ∪-Eisen angeschlossen waren und die Anschlußniete statt 20 mm 23 mm Durchmesser hatten, lieferten folgende Ergebnisse:

Nr. 4, Einzelstab: τ_2 = 2280 kg/qcm, σ_2 = 4230 kg/qcm, ∪-Eisen gerissen.
Nr. 5, Doppelstab: τ_2 = 2080 kg/qcm, σ_2 = 3840 kg/qcm, beide gerissen.

Auch hier waren die Bruchspannungen bei dem Einzelstab wieder größer als bei dem Doppelstab. Die Zugspannung σ_2 erreichte bei Nr. 4 nahezu (98%) die an besonderen Zerreißproben ermittelte Materialfestigkeit, Nr. 5 dagegen nur 89% hiervon. Beide Werte übertreffen die an den erstgenannten 4 Stäben erzielten Werte für σ_2, dagegen bleiben die an den Stäben 4 und 5 erreichten Scherspannungen τ_2 weit hinter denen der anderen Stäbe zurück. Dabei beträgt das Verhältnis Q/F (Nietquerschnitt zu Nettostabquerschnitt) bei den Stäben 4 und 5 1,85 und bei den Stäben 59—62 1,09.

6. Von vier **Doppelstäben aus Winkeleisen** enthielten zwei (Nr. 2 und 57) die Winkeleisen zu beiden Seiten des Anschlußbleches gegenüber, bei zwei weiteren (Nr. 3 und 58) lagen die Winkelquerschnitte kreuzförmig. Alle vier Stäbe waren mit Beiwinkeln angeschlossen. Die Anschlüsse der Beiwinkel an die Stabwinkel enthielten bei den Stäben 2 und 3 4 Niete, im übrigen alle Anschlüsse 3 Niete. Die Nietdurchmesser betrugen bei den ersteren 23 mm, bei den letzteren 20 mm.

Bei den beiden erstgenannten Stäben rissen beide Winkel, bei den letzteren wurden alle 6 Niete am Anschlußblech abgeschert. Die Spannungen beim Bruch waren:

	2	3	57	58
Stab Nr..	2	3	57	58
Verhältnis Q/F	1,54	1,54	1,14	1,14
Scherspannungen in den Nieten τ_2	2440	2460	3340	3240
Zugspannungen in den Nettoquerschnitten σ_2	3750	3800	3820	3740

Hiernach war die Zugfestigkeit weder durch die Anordnung des Stabquerschnittes noch durch die vorliegenden Unterschiede in der Zahl und den Querschnitten der Anschlußniete beeinträchtigt.

Darüber, welche Anordnung dem Anschluß zu geben und insbesondere welches Verhältnis Q/F zu wählen ist, um bei höchster Festigkeit mit der gleichen Wahrscheinlichkeit Brüche durch Zerreißen der Stabprofile oder Abscheren der Niete zu erhalten, geben diese Versuche noch keinen Aufschluß.

B. Versuche mit Zugdiagonalen aus ⊔-Eisen.

Die Anordnung der Stäbe s. Fig. 59 und 60.

1. Unter der Zugbelastung bogen die ⊔-Eisen sich, entsprechend dem exzentrischen Kraftangriff an den Außenflächen der Stege, durch; trotzdem war die Zugspannung in der Mitte zwischen Anschluß und Bindeblech nahezu gleichmäßig über den Querschnitt der ⊔-Eisen verteilt; unmittelbar hinter dem Anschluß dagegen war die Zugspannung am Stegrücken um mehr als 88% größer als bei gleichmäßiger Verteilung und an den Flanschrändern herrschten Druckspannungen. Mit zunehmender Zugbelastung verminderten die Spannungsunterschiede sich.

2. Das Durchbiegen der ⊔-Eisen hatte Gleiten der Bindebleche und Krümmen der Stege und der Anschlußbleche, sowie Biegen der U-Eisenflanschen nach innen und damit auch Biegen der Bindebleche im Gefolge.

3. Der Bruch erfolgte durch Reißen der Anschlußbleche in der ersten Nietreihe. Die erzielten Bruchbelastungen entsprachen Ausnutzungen der Zugfestigkeit des Materials von nur 38—51%.

4. Die verschiedenartige Anordnung der beiden U-Eisen, Lage der Flanschen nach außen oder nach innen, blieb ohne Einfluß auf die Größe der Formänderungen, auf die Spannungsverteilung und auf die Bruchbelastung.

5. Durch das Hinzufügen der Bindebleche an den Stabenden war das Durchbiegen der ⊔-Eisen zwischen den Bindeblechen senkrecht zur Zugachse und dementsprechend auch das Gleiten des mittleren Bindebleches gegen die ⊔-Eisenflanschen wesentlich verringert, zugleich aber starkes Durchbiegen innerhalb des Anschlusses, d. h. zwischen den Endbindeblechen und dem Einspannbolzen hervorgerufen, das mit erheblichen Beanspruchungen der Anschlußbleche auf Biegen verbunden war.

Die Ungleichmäßigkeit der Spannungsverteilung unmittelbar hinter den Anschlüssen und die Bruchbelastung war durch die Endbindebleche nicht gesetzmäßig beeinflußt.

An der Durchführung der Versuche hatte besonders der ständige Assistent, Herr Panzerbieter, regsten Anteil. Ich danke ihm auch an dieser Stelle für seine selbstlose Mitarbeit und tatkräftige Unterstützung.

Tabelle 1.
Verschiebungen in den Anschlüssen des Stabes 1.

Ein Winkeleisen NP. 9, die Enden mit je 4 Nieten an Bleche angeschlossen.

Zug-belastung in t	Linkes Stabende				Rechtes Stabende			
	Schenkelrand a		Schenkelrücken b		Schenkelrand c		Schenkelrücken d	
	Verschiebung in $^1/_{500}$ mm		Verschiebung in $^1/_{500}$ mm		Verschiebung in $^1/_{500}$ mm		Verschiebung in $^1/_{500}$ mm	
	gesamt	bleibend	gesamt	bleibend	gesamt	bleibend	gesamt	bleibend
1	0	—	0	—	0	—	1	—
2	2	0	2	0	2	1	6	0
3	2	2	6	1	7	3	10	1
4	5	3	10	4	12	7	13	3
5	8	7	15	7	18	10	19	4
6	11	9	21	10	25	15	23	5
7	17	12	30	12	36	22	32	10
8	23	14	40	18	47	30	42	15
9	32	20	49	22	61	42	54	22
10	40	25	60	29	73	51	67	30
12	62	—	87	—	97	—	91	—
14	87	54	111	62	115	76	106	53
16	108	—	141	—	141	—	121	—
18	144	88	160	87	189	139	131	69

Tabelle 2.
Verschiebungen in den Anschlüssen des Stabes 2.

Zwei parallel liegende Winkeleisen NP. 9 mit den Enden an je ein dazwischen liegendes Blech unmittelbar und durch Beiwinkel angeschlossen. Gemessen sind die Verschiebungen des einen Winkeleisens an beiden Enden. Meßstellen s. Fig. 4.

Zug-belastungen kg	Verschiebung des Winkeleisens in mm 10^{-1} gegen die Anschlußbleche						Verschiebung der Beiwinkel in mm 10^{-1} gegen die Anschlußbleche						Verschiebung des Winkeleisens am linken Ende gegen den Beiwinkel in mm 10^{-1} Meßstelle e	Dehnung des Stabes gemessen über beide Anschlüsse in mm 10^{-2} g
	linkes Ende			rechtes Ende			linkes Ende			rechtes Ende				
	Meßstelle		Mittel	Meßstelle		Mittel	Meßstelle		Mittel	Meßstelle		Mittel		
	a_1	a_2	a	b_1	b_2	b	c_1	c_2	c	d_1	d_2	d		
6 700														24
13 410														44
20 110														65
26 810														86
33 480														111
40 150														136
47 260														163
54 360	4	4	4	3	5	4				0	1	0,5		187
0	3	2	2,5	1	3	2				0	1	0,5		37
54 360	4	5	4,5	1	5	9				1	2	1,5	1	194
61 040	5	5	5	2	5	3,5	1	0	0,5	2	2	2,0	2	217
67 720	6	5	5,5	2	6	4	1	0	0,5	2	3	2,5	2	241
74 730	10	10	10	5	10	7,5	1	0	0,5	2	3	2,5	3	280
81 740	11	12	11,5	6	10	8	1	0	0,5	2	3	2,5	4	343
0	10	10	10	5	10	7,5	0	0	0	2	3	2,5	4	121
81 740	13	13	13	6	11	8,5	1	0	0,5	2	3	2,5	5	357
88 770	14	14	14,0	9	12	10,5	3	0	1,5	3	3	3,0	8	456
95 790	18	20	19	11	15	13	5	2	3,5	4	5	4,5	10	670
0[1])	30	45	37,5	22	28	25	11	11	11,0	10	10	10,0	10	—

[1]) Nach dem Bruch, eingetreten bei 121 070 kg.

Tabelle 3. Verschiebungen in den Anschlüssen und Dehnung des Stabes 3.

Zwei mit ihren Rücken in derselben Ebene liegende Winkeleisen NP 9 mit den Enden an je ein dazwischenliegendes Blech unmittelbar und durch Beiwinkel angeschlossen. Gemessen sind die Verschiebungen an beiden Enden und die Dehnung über die ganze Länge. Meßstellen s. Fig. 7.

Zugbelastungen	Verschiebung des Winkeleisens II gegen die Anschlußbleche in mm 10^{-1}		Beobachtungen an dem Winkeleisen I													Verschiebung des Winkeleisens gegen die Beiwinkel in mm 10^{-1}		Dehnung des Stabes, gemessen über beide Anschlüsse
			Verschiebung des Winkeleisens gegen die Anschlußbleche in mm 10^{-1}						Verschiebung der Beiwinkel gegen die Anschlußbleche in mm 10^{-1}								
	rechts	links	rechtes Ende			linkes Ende			rechtes Ende			linkes Ende			rechts bei	links bei	Anschlüsse
	Meßstelle		Meßstelle		Mittel	Meßstelle		Mittel	Meßstelle		Mittel	Meßstelle		Mittel			in mm 10^{-2}
kg	a	b	c_1	c_2	c	d_1	d_2	d	e_1	e_2	e	f_1	f_2	f	g	h	$i-i$
6 700	—	—	—	—	—	—	—	—	—	—	—	—	—	—	—	—	20
13 400	—	—	—	—	—	—	—	—	—	—	—	—	—	—	—	—	38
20 110	—	—	—	—	—	—	—	—	—	—	—	—	—	—	—	—	54
26 810	—	—	—	—	—	—	—	—	—	—	—	—	—	—	—	—	71
33 480	—	—	—	—	—	—	—	—	—	—	—	—	—	—	—	—	94
40 150	—	—	—	—	—	—	—	—	1	—	0,5	1	—	0,5	—	—	116
47 260	—	—	—	—	—	—	—	—	2	1	1,5	2	1	1,5	—	—	139
54 360	—	—	—	—	—	—	—	—	3	1	2,0	3	2	2,5	—	—	164
0	—	—	—	—	—	—	—	—	3	1	2,0	3	2	2,5	—	—	35
54 360	—	—	—	—	—	—	—	—	4	2	3,0	4	4	4,0	—	—	167
61 040	—	2	—	—	—	—	—	—	5	3	4,0	5	5	5,0	—	—	189
67 720	1	2	—	1	0,5	—	—	—	5	5	5,0	5	6	5,5	1	—	216
74 730	2	2	1	1	1,0	—	—	—	6	5	5,5	5	6	5,5	1	1	248
81 740	2	3	2	1	1,5	1	1	1	6	6	6,0	7	7	7,0	1	1	318
0	1	3	1	1	1,0	0	0	0	6	5	5,5	6	5	5,5	0	0	137
81 740	2	3	1	1	1,0	1	1	1	8	10	9,0	7	7	7,0	1	1	342
88 740	6	12	2	2	2,0	1	1	1	10	13	11,5	7	10	8,5	1	2	450
95 790	25	28	2	2	2,0	1	1	1	12	14	13,0	10	11	10,5	2	2	680
102 800	35	32	5	5	5,0	2	2	2	18	22	20,0	13	13	13,0	2	3	—
0[1]	75	—	10	10	10,0	2	2	2	32	50	41,0	22	22	22,0	2	2	—

[1] Nach dem Bruch, eingetreten bei 122 480 kg.

Tabelle 4. Verschiebung in den Anschlüssen und Durchbiegung des Stabes 4.

Ein ⊔-Eisen von 200 mm Höhe mit den Enden an je ein Blech mit dem Steg unmittelbar und mit den beiden Flanschen durch Beiwinkel angeschlossen. Meßstellen s. Fig. 16.

Zugbelastungen	Verschiebungen in mm 10^{-1} am rechten Anschluß									Verschiebungen in mm 10^{-1} am linken Anschluß									Durchbiegung des ⊔-Eisensteges i. d. Mitte auf 990 mm Länge nach d. Steg hin
	⊔-Eisen gegen Anschlußblech			⊔-Eisen gegen Beiwinkel			Beiwinkel gegen Anschlußblech			⊔-Eisen gegen Anschlußblech			⊔-Eisen gegen Beiwinkel			Beiwinkel gegen Anschlußblech			
	Meßstelle		Mittel	Meßstelle		Mittel	Meßstelle		Mittel	Meßstelle		Mittel	Meßstelle		Mittel	Meßstelle		Mittel	
kg	a_1	a_2	a	b_1	b_2	b	c_1	c_2	c	d_1	d_2	d	e_1	e_2	e	f_1	f_2	f	g
6 700	—	—	—	—	—	—	—	—	—	—	—	—	—	—	—	—	—	—	60
13 410	—	—	—	—	—	—	—	—	—	—	—	—	—	—	—	—	—	—	107
20 120	—	—	—	—	—	—	—	—	—	—	—	—	—	—	—	—	—	—	150
26 810	—	—	—	—	—	—	—	—	—	—	—	—	—	—	—	—	—	—	188
33 480	—	—	—	—	1	0,5	—	—	—	—	—	—	2	—	1,0	—	—	—	224
40 150	—	1	0,5	2	2	2,0	—	1	0,5	2	—	1,0	2	2	2,0	—	—	—	254
47 260	1	3	2,0	4	3	3,5	—	1	0,5	4	4	4,0	4	3	3,5	2	1	1,5	281
54 360	5	8	6,5	8	6	7,0	—	1	0,5	5	7	6,0	7	5	6,0	4	1	2,5	292
0	2	6	4,0	4	5	4,5	—	1	0,5	4	6	5,0	4	4	4,0	2	1	1,5	15
54 360	7	8	7,5	8	6	7,0	—	1	0,5	7	8	7,5	7	5	6,0	5	1	3,0	292
61 040	14	16	15,0	14	12	13,0	—	2	1,0	12	14	13,0	12	12	12,0	8	2	5,0	282
67 720	19	20	19,5	20	17	18,5	0	3	1,5	17	19	18,0	18	17	17,5	11	3	7,0	261
0	15	17	16,0	18	16	17,0	—	3	1,5	12	16	14,0	15	16	15,5	10	3	6,5	35
67 720	20	21	20,5	21	18	19,5	—	3	1,5	17	20	18,5	19	17	18,0	11	3	7,0	257
74 730	24	26	25,0	28	26	27,0	—	4	2,0	22	25	23,5	24	25	24,5	12	4	8,0	277
0[1]	—	—	—	—	—	—	10	11	10,5	93	95	94,0	108	108	108,0	6	7	6,5	—

[1] Nach dem Bruch, eingetreten bei 113 340 kg.

Tabelle 5.
Verschiebungen in den Anschlüssen des Stabes 5.

Zwei U - Eisen von 200 mm Höhe, parallel liegend, mit den Enden an je zwei dazwischen liegende Bleche mit den Stegen unmittelbar und mit den Flanschen durch Beiwinkel angeschlossen. Meßstellen s. Fig. 14.

Beobachtungen in mm 10^{-1} am rechten Ende

Zug-Belastungen	Verschiebung der beiden Anschlußbleche gegeneinander						des oberen U-Eisens gegen die Beiwinkel						des Beiwinkels des oberen U-Eisens gegen das Anschlußblech			des unteren U-Eisens gegen seinen Beiwinkel, gemessen an den Stirnflächen		
	vorne			hinten			an den nach oben gericht. Flanschen			an den Stirnflächen der Beiwinkel								
	Meßstellen		Mittel	Meßstellen		Mittel	Meßplatten		Mittel	Meßplatten		Mittel	Meßstellen		Mittel	Meßstellen		Mittel
kg	a_1	a_2	a	b_1	b_2	b	c_1	c_2	c	e_1	e_2	e	d_1	d_2	d	f_1	f_2	f
137 930	1	0	0,5	1	1	1,0	—	—	—	—	—	—	—	—	—	—	—	—
0	1	0	0,5	0	0	0,0	—	—	—	—	—	—	—	—	—	—	—	—
137 930	1	0	0,5	1	1	1,0	—	—	—	—	—	—	—	—	—	—	—	—
144 830	2	2	2,0	1	1	1,0	2	2	2,0	0	5	2,5	4	2	3,0	0	5	2,5
151 730	2	2	2,0	1	2	1,5	2	2	2,0	2	8	5,0	4	4	4,0	2	15	8,5
0	1	1	1,0	0	0	0,0	1	2	1,5	0	8	4,0	2	2	2,0	0	12	6,0
0[1]	15	15	15,0	1	1	1,0	1	·2	1,5	54	56	55,0	15	15	15,0	10	12	11,0

Beobachtungen in mm 10^{-1} am linken Ende

| Zug-Belastungen | Meßstellen | | Mittel | Meßstellen | | Mittel | Meßstellen | | Mittel | Meßstellen | | Mittel | Meßstellen | | Mittel | Meßstellen | | Mittel |
kg	g_1	g_2	g	h_1	h_2	h	i_1	i_2	i	l_1	l_2	l	k_1	k_2	k	m_1	m_2	m
137 930	0	1	0,5	1	1	1	—	—	—	—	—	—	—	—	—	—	—	—
0	0	1	0,5	0	0	0	—	—	—	—	—	—	—	—	—	—	—	—
137 930	0	1	0,5	1	1	1	—	—	—	—	—	—	—	—	—	—	—	—
144 830	2	2	2,0	1	1	1	2	2	2,0	5	0	2,5	2	2	2,0	0	5	2,5
151 730	2	2	2,0	3	2	2,5	3	2	2,5	5	3	4,0	3	2	2,5	3	5	4,0
0	2	2	2,0	2	2	2,0	2	0	1,0	1	3	2,0	1	2	1,5	1	5	3,0
0[1]	15	15	15,0	1	12	6,5	2	2	2,0	1	3	2,0	2	15	8,5	1	5	3,0

[1]) Nach dem Bruch, eingetreten bei 206 830 kg.

Tabelle 6.
Dehnung des Stabes 5 auf 1,65 m Meßlänge,
gemessen über beide Anschlüsse zwischen $n \backsim n$ Fig. 14.

| Zug-belastungen | Verlängerung in mm 10^{-2} | | Belastung | Verlängerung in mm 10^{-2} | | Belastung | Verlängerung in mm 10^{-2} | |
kg	Gesamt	Zunahme	kg	Gesamt	Zunahme	kg	Gesamt	Zunahme
13 410	16	16	81 740	167	122	123 880	256	172
26 810	45	29	88 740	178	11	130 910	270	14
40 150	78	33	95 790	191	13	137 930	294	24
0	15	—	102 810	205	14	0	111	—
40 150	79	64	109 830	219	14	137 930	301	190
47 260	92	13	116 880	236	17	144 830	329	28
54 360	107	15	123 880	251	15	151 730	395	66
61 040	119	12	0	84	—	0	232	·
67 720	135	16	—	—	—	151 730	439	207
74 730	148	13	—	—	—	158 620	485	46
81 740	162	14	—	—	—	165 500	600	115
0	45	—	—	—	—	172 390	785	185

Tabelle 7.
Belastungen beim Beginn des Gleitens und beim Bruch.

Stab Nr.	Art der Anschlüsse	Abmessungen				Beginn des Gleitens			Bruch		
		Niete im Anschlußblech			Tragender Querschnitt des Stabes F_{netto}	Zugbelastungen P_1	Spannungen in kg/qcm		Zugbelastungen P_2	Spannungen in kg/qcm	
		Anzahl A	Durchmesser d	Gesamter Scher-Querschnitt Q_{niete}			Schub in den Nieten $\tau_1 = P_1/Q$	Zug im Stabe $\sigma_1 = P_1/F$		Schub in den Nieten $\tau_2 = P_2/Q$	Zug im Stabe $\sigma_2 = P_2/F$
			cm	qcm	qcm	kg			kg		
1	Winkel A $90 \times 90 \times 9$ an Blech B	4	2,3	16,6	13,4	3000	181	224	43 800	2640	3260
2	2 Winkel A $90 \times 90 \times 11$ unmittelbar und durch Winkel B mittelbar an Blech C	6	2,3	49,8	32,3	54 360	1090	1680	121 070	[2440]	3750
3	Wie bei Stab 2 aber die Winkel über Kreuz	6	2,3	49,8	32,3	[61 040]	[1230]	[1890]	122 480	[2460]	3800
4	U-Eisen A unmittelbar und durch zwei Beiwinkel B mittelbar an Blech C	12	2,3	49,8	26,9	47 260	950	1760	113 340	[2280]	4230
5	Zwei Stäbe 4 vereinigt	12	2,3	99,6	53,8	144 830	1450	2690	206 830	[2080]	3840

Tabelle 8. **Zugversuche mit Proben aus dem**

Probe Nr.	Material-Proben				Abmessungen				Spannungen in kg/qcm		
	Zeichen	entnommen aus Stab			Dicke a	Breite b	Querschnitt f	Länge d. Teilung l	Streckgrenze σ_S	Bruchgrenze σ_B	Verhältnis $\frac{\sigma_S}{\sigma_B} \cdot 100$
		Nr.	Lage im Walzstück		cm	cm	qcm	cm			
1	W E	1	an den Enden		0,91	3,51	3,19	20	2540	4080	62
2	W E		an den Enden		0,96	3,51	3,37		2640	4130	64
Mittel					—	—	—		2590	4105	63
3	WM		in der Mitte		0,90	3,51	3,16		2810	4160	68
4	WE	2 und 3	an den Enden		1,02	3,16	3,22	20	2770	4270	65
5	WE		an den Enden		1,02	3,14	3,20		2920	4280	68
Mittel					—	—	—		2845	4275	67
6	WM		in der Mitte		1,02	3,14	3,20		2690	4280	63
7	UF	U-Eisen NP. 20 4. u. 5	an den Enden		0,84	3,73	3,13	20	2970	4360	68
8	UF		an den Enden		0,86	3,72	3,20		2960	4300	69
Mittel					—	—	—		2965	4330	69
9	UM		in der Mitte		0,84	3,73	3,13		2890	4300	67

Tabelle 9. **Verschiebungen in den**

Ein Winkeleisen NP. 9 ($90 \times 90 \times 9$) mit einem Schenkel unmittelbar

Stab Nr.	Art des Anschlusses		Teilung mm	Tragende Querschnitte		Beobachtung des Gleitens			Zeichen der Meßstelle (s. Fig. 17 bis 19)	3710	4960
	Niete Anzahl	Nietloch Durchmesser mm		des Stabes F_{netto} qcm	aller Niete Q qcm	Stabende	Niet-Nr.[1]	am			
54	5	20	80	$15{,}5 - 2{,}0 \cdot 0{,}9 = 13{,}7$	$5 \cdot 3{,}14 = 15{,}70$	links	1	Winkelrücken	a	0	0
								Schenkelrand	c	1	1
								Mittel	—	0,5	0,5
							5	Winkelrücken	b	0	0
								Schenkelrand	d	1	1
								Mittel	—	0,5	0,5
						rechts	1	Winkelrücken	f	0	0
								Schenkelrand	h	0	0
								Mittel	—	0	0
							5	Winkelrücken	e	0	1
								Schenkelrand	g	0	1
								Mittel	—	0	1
55	4	23	90	$15{,}5 - 2{,}3 \cdot 0{,}9 = 13{,}43$	$4 \cdot 4{,}15 = 16{,}60$	links	1	Winkelrücken	a	0	0
								Schenkelrand	c	1	1
								Mittel	—	0,5	0,5
							4	Winkelrücken	b	0	0
								Schenkelrand	d	1	1
								Mittel	—	0,5	0,5
						rechts	1	Winkelrücken	f	1	1
								Schenkelrand	h	1	1
								Mittel	—	1	1
							4	Winkelrücken	e	0	0
								Schenkelrand	g	0	0
								Mittel	—	0	0
56	3	26	100	$15{,}5 - 2{,}6 \cdot 0{,}9 = 13{,}16$	$3 \cdot 5{,}31 = 15{,}93$	links	1	Winkelrücken	a	0	1
								Schenkelrand	c	0	0
								Mittel	—	0	0,5
							3	Winkelrücken	b	0	0
								Schenkelrand	d	0	0
								Mittel	—	0	0
						rechts	1	Winkelrücken	f	1	1
								Schenkelrand	h	1	1
								Mittel	—	1	1
							3	Winkelrücken	e	0	0
								Schenkelrand	g	1	1
								Mittel	—	0,5	0,5

[1]) Als erstes Niet (Nr. 1) ist immer dasjenige Niet bezeichnet, das dem Stabende (der Einspannung) am nächsten lag.

Mittlere Entfernung der Bruchstelle von der Endmarke cm	Dehnung S in % bezogen auf die Länge			Querschnittverminderung q in %	Bruchaussehen
	$l=5,65\sqrt{f}$ =10 cm je 5 cm von der Bruchstelle	$l=11,3\sqrt{f}$ =20 cm je 10 cm von der Bruchstelle	$l=20$ cm		
8	31,6	24,8	24,6	51	
9	33,4	25,9	25,9	51	
—	32,5	25,4	26,3	51	
4	33,0	29,2	28,2	49	
7	31,0	24,6	24,5	53	
8	30,0	23,9	23,9	49	
—	30,5	24,3	24,2	51	Mattgrau, feinschuppig, Trichterbildung
9	31,7	25,9	25,8	51	
9	35,8	29,0	29,0	48	
8	33,9	26,5	26,5	48	
—	34,9	27,8	27,8	48	
6	35,3	28,2	27,7	56	

Anschlüssen der Stäbe 54, 55 und 56.
an ein Blech von 240 mm Breite und 15 mm Dicke angeschlossen.

Gleiten des Stabes gegen das Anschlußblech in mm 10^{-2} bei den folgenden Belastungen in kg.

6270	7660	9040	10400	11650	12850	14240	15620	17010	18390	19780	21020	22480	23790	25160	26560
0	0	0	0	0	0	0	1	1	1	1	1	10	13	14	
2	2	2	3	4	5	7	8	10	12	12	14	16	16	17	...
1	1	1	1,5	2	2,5	3,5	4,5	5,5	6,5	6,5	7,5	13	14,5	15,5	
1	1	1	4	5	7	9	11	14	16	18	20	21	24	25	
3	5	6	8	10	13	16	19	23	30	44	61	70	81	90	—
2	3	3,5	6	7,5	10	12,5	15	18,5	23	31	40,5	45,5	52,5	57,5	
0	0	0	0	1	1	1	2	3	9	15	18	21	22	24	
1	—	1	1	1	1	3	4	5	9	10	12	13	15	15	...
0,5	—	0,5	0,5	1	1	2	3	4	9	12,5	15,0	17,5	18,5	19,5	
2	3	4	5	6	6	7	8	10	14	20	24	26	31	39	
1	—	3	5	8	8	12	17	21	30	42	54	63	75	82	—
1,5	1	3,5	5	7	7	9,5	12,5	15,5	22	31	39	44,5	53	60,5	
0	0	0	0	2	4	5	7	8	—	10	—	16	—	18	
1	1	1	1	1	2	3	4	4	—	8	—	9	—	11	—
0,5	0,5	0,5	0,5	1,5	3	4	5,5	6	—	9	—	12,5	—	14,5	
0	0	0	0	1	1	—1	—1	0	—	1	—	1	—	2	
1	1	1	1	1	2	3	5	5	—	5	—	—	—	—	—
0,5	0,5	0,5	0,5	1	1,5	1	2	2,5	—	3	—	—	—	—	
1	1	1	1	1	2	5	11	14	—	20	—	22	—	24	
1	1	1	1	1	3	5	10	13	—	17	—	19	—	21	...
1	1	1	1	1	2,5	5	10,5	13,5	—	18,5	—	20,5	—	22,5	
0	1	1	1	1	1	1	1	1	—	1	—	1	...	2	—
1	1	2	3	6	8	12	17	21	—	34	—	54	—	70	
0,5	1	1,5	2	3,5	4,5	6,5	9	11	—	17,5	—	27,5	—	36	
1	1	1	1	1	1	1	2	6	11	16	20	23	25	28	31
1	1	1	1	1	2	4	4	9	12	14	17	19	21	23	24
1	1	1	1	1	1,5	2,5	3,0	7,5	11,5	15	18,5	21	23	25,5	27,5
0	0	0	0	0	1	3	7	12	17	23	27	32	34	38	42
0	1	1	3	4	6	8	12	17	22	28	35	42	53	64	73
0	0,5	0,5	1,5	2	3,5	5,5	9,5	14,5	19,5	25,5	31	37	43,5	51	57,5
1	2	2	2	2	3	5	6	10	10	10	15	16	19	22	25
1	1	1	1	1	2	2	2	2	3	5	8	10	11	12	13
1	1,5	1,5	1,5	1,5	2,5	3,5	4	6	6,5	7,5	11,5	13	15	17	19
1	1	1	1	1	1	1	5	8	10	10	11	13	15	15	16
1	1	1	1	1	1	1	1	1	3	18	33	44	57	67	78
1	1	1	1	1	1	1	3	4,5	6,5	14	22	28,5	36,5	41	47

Tabelle 10. Verschiebungen in den

Zwei Winkeleisen NP. 11 ($90\times90\times11$) mit je einem Schenkel unmittelbar, mit dem anderen

Stab Nr.	Lage der Winkel	Niete — Anzahl jeder Reihe	Anzahl Gesamt	Nietloch Durchmesser mm	Teilung mm	des Stabes F_{netto} qcm	aller Niete Q qcm	des	gegen	am Stabende	gegenüber dem Niet Nr.	Zeichen der Meßstelle (s. Fig. 28 u. 29)
57	Lage der Zugachse	3	12	20	80	$2 \times (18,7-2,0-1,1)$ $=33,0$	$12 \cdot 3,14$ $=37,68$	einen Stabwinkels am Schenkelrand	Anschlußblech	links	1 / 3	c / d
										rechts	1 / 3	h / g
									Beiwinkel	links	1 / 3	i / k
										rechts	1 / 3	m / l
								Beiwinkels am Schenkelrand	Anschlußblech	links	1 / 3	a / b
										rechts	1 / 3	f / e
58	Lage der Zugachse	3	12	20	80	33,0	37,68	einen Stabwinkels am Schenkelrand	Anschlußblech	links	1 / 3	c / d
										rechts	1 / 3	h / g
									Beiwinkel	links	1 / 3	i / k
										rechts	1 / 3	m / l
								Beiwinkels am Schenkelrand	Anschlußblech	links	1 / 3	a / b
										rechts	1 / 3	f / e

Tabelle 11. Dehnungen für verschiedene

Stab Nr.	Form des Anschlusses u. Lage der Meßstrecken			Dehnungen δ in % 10^{-4}				
		Bei nachfolgenden Belastungen P in kg		2810	7310	11 650	16 040	20 740
58	$F_{\text{netto}} = 33,0$ qcm	Dehnung δ beobachtet für die Meßstrecken	a	38	98	157	219	275
			b	28	70	152	206	244
			c	42	111	172	235	306
		Spannungen	im Anschluß $\sigma = \dfrac{P}{F}$	85	222	353	486	629
			größte örtliche $\sigma_{\max} = \dfrac{E\delta}{100}$	90	239	370	505	658
			Verhältnis $\dfrac{\sigma_{\max}}{\sigma} \cdot 100$ in %	106	108	104	104	104
59	mit Beiwinkel — $F_{\text{netto}} = 28,8$ qcm	beobachtet für die Meßstrecken	a	143	265	383	497	611
			b	117	239	329	431	527
			c	107	266	387	513	638
			d	107	262	379	502	622
			e	101	239	320	376	426
			f	107	260	348	424	482
		Spannungen	im Anschluß $\sigma = \dfrac{P}{F}$	97,5	254	404	556	720
			größte örtliche $\sigma_{\max} = \dfrac{E\delta}{100}$	304	572	832	1108	1380
			Verhältnis $\dfrac{\sigma_{\max}}{\sigma} \cdot 100$ in %	312	226	206	198	192

durch einen Beiwinkel an ein Blech von 330 mm Breite und 15 mm Dicke angeschlossen.

Gleiten in mm 10^{-2} bei den folgenden Belastungen in kg.

2810	7310	11650	16040	20740	25160	29610	33990	38470	43040	47480	52180	56820	61330	65900	70670	75180	79750	84520	89160
0	0	0	1	1	—1	0	—1	—1	—2	—2	—1	+2	—	—	—	—	—	—	—
0	0	0	1	1	—1	0	3	8	8	14	19	20	—	—	—	—	—	—	—
0	1	1	1	1	3	6	10	13	16	17	18	23	—	—	—	—	—	—	—
0	0	0	0	0	0	2	6	10	13	15	20	23	—	—	—	—	—	—	—
0	0	0	1	1	2	4	6	8	11	13	15	—	—	—	—	—	—	—	—
0	0	0	1	2	4	6	8	12	15	17	19	—	—	—	—	—	—	—	—
0	0	0	0	0	1	2	5	7	9	10	12	—	—	—	—	—	—	—	—
0	0	1	1	2	3	5	8	10	12	14	15	—	—	—	—	—	—	—	—
0	0	0	0	0	0	0	1	1	2	3	4	—	—	—	—	—	—	—	—
0	0	1	1	0	0	0	0	0	1	0	0	—	—	—	—	—	—	—	—
0	0	0	0	0	0	0	1	2	3	4	5	—	—	—	—	—	—	—	—
0	0	0	0	0	0	0	0	1	1	1	1	—	—	—	—	—	—	—	—
0	1	4	8	13	17	21	25	28	32	35	41	46	52	60	69	81	94	110	134
0	1	5	10	16	20	25	30	34	38	43	49	54	61	72	83	98	114	134	162
0	—1	0	0	1	1	8	14	18	23	28	32	38	43	48	56	66	78	95	118
0	1	2	3	7	12	20	27	31	36	40	44	55	56	63	71	80	93	107	129
0	0	0	0	0	0	0	1	2	4	6	11	14	16	18	20	20	22	24	27
0	0	0	0	1	2	3	4	6	9	12	17	21	23	25	27	29	31	34	38
0	0	0	0	0	0	0	0	0	2	4	6	10	14	16	18	20	21	23	25
0	0	0	0	0	0	0	0	1	3	5	8	11	15	18	19	21	23	25	27
0	0	1	2	3	5	7	8	10	11	12	12	13	14	16	17	19	21	26	33
0	0	1	2	2	3	6	7	8	9	10	11	12	12	13	14	16	17	21	28
1	0	0	1	1	1	1	1	1	1	1	1	1	1	1	1	1	1	1	1
0	0	0	0	0	1	1	1	1	3	6	6	6	8	10	12	13	17	22	26

Meßstrecken bei wachsender Belastung.

und Spannungen σ in kg/qcm

25180	29610	33990	38470	43040	52180	61330	70670	79750	89160	98370	108000	117560	126780	137500
342	416	484	554	624	769	914	1055	1232	1379					
290	338	394	450	506	632	746	820	866	916					
366	421	468	518	568	667	782	890	1004	1065					
763	899	1030	1167	1305	1581	1860	2142	2420	2700					
787	905	1040	1190	1340	1660	1970	(2260)	(2650)	(2960)					
103	101	101	102	103	105	106	(105)	(109)	(110)					
717	817	919	1013	1109	1275									
621	705	797	881	963	1143									
746	858	965	1072	1171	1355									
725	833	941	1041	1137	1323									
467	494	520	535	541	505									
528	562	597	619	636	624									
880	1030	1180	1335	1495	1810									
1610	1850	2080	2310	2520	2910									
183	180	176	173	169	161									

[Fortsetzung von Tabelle 11.]

Stab Nr.	Form des Anschlusses u. Lage der Meßstrecken				Dehnungen δ in % 10^{-4}				
		Bei nachfolgenden Belastungen P in kg			2810	7310	11650	16040	20740
60	mit Beiwinkel $F_{\text{netto}} = 57,6$ qcm	beobachtet für die Meßstrecken	in Stabmitte	a	24	63	107	152	194
				b	22	56	94	136	178
				e	11	46	97	150	200
				f	18	61	112	164	215
			am Anschluß	a_1	10	45	88	131	172
				b_1	38	83	128	166	207
				e_1	14	51	101	150	195
				f_1	—14	—2	37	82	128
		Spannungen	im Anschluß $\sigma = \dfrac{P}{F}$		49	127	202	278	360
			größte örtliche $\sigma_{\max} = \dfrac{E\delta}{100}$	in Stabmitte	51,5	136	241	353	462
				am Anschluß	81,8	178	276	357	445
			Verhältnis $\dfrac{\sigma_{\max}}{\sigma} \cdot 100$ in %	in Stabmitte	105	107	119	127	128
				am Anschluß	167	140	137	128	124
61	Wie bei Stab 59 aber ohne Beiwinkel $F_{\text{netto}} = 28,8$ qcm	beobachtet für die Meßstrecken		a	63	177	289	389	499
				b	59	163	267	357	447
				c	65	190	306	403	513
				d	66	193	311	407	519
				e	64	165	246	279	312
				f	68	169	251	287	320
		Spannungen	im Anschluß $\sigma = \dfrac{P}{F}$		97,5	254	404	556	720
			größte örtliche $\sigma_{\max} = \dfrac{E\delta}{100}$		146	415	670	875	1120
			Verhältnis $\dfrac{\sigma_{\max}}{\sigma} \cdot 100$ in %		150	163	166	157	155
62	Wie bei Stab 60 aber ohne Beiwinkel $F_{\text{netto}} = 57,6$ qcm	beobachtet für die Meßstrecken	in Stabmitte	a	21	55	104	124	160
				b	20	51	84	115	150
				e	18	44	71	102	135
				f	16	39	65	91	112
			am Anschluß	a_1	21	59	91	127	158
				b_1	21	56	90	127	147
				e_1	18	32	56	87	122
				f_1	15	27	48	71	102
		Spannungen	im Anschluß $\sigma = \dfrac{P}{F}$		49	127	202	278	360
			größte örtliche $\sigma_{\max} = \dfrac{E\delta}{100}$	in Stabmitte	45	118	224	267	344
				am Anschluß	45	127	196	273	340
			Verhältnis $\dfrac{\sigma_{\max}}{\sigma} \cdot 100$ in %	in Stabmitte	92	93	111	96	96
				am Anschluß	92	100	97	98	95

[Fortsetzung von Tabelle 11.]

und Spannungen σ in kg/qcm

25180	29610	33990	38470	43040	52180	61330	70670	79750	89160	98370	108000	117560	126780	137500
234	269	307	341	377	452	538	629	734	833	917	1020	1106	1181	1245
215	251	288	321	355	431	513	601	700	807	897	994	1076	1146	1207
245	286	325	359	394	459	512	558	613	656	703	764	830	910	994
260	298	337	373	409	467	525	579	630	682	736	796	862	937	1016
213	256	295	333	373	450	534	618	739	847	941	1055	1180	1307	1440
240	268	299	327	359	429	507	597	698	805	900	1005	1101	1219	1332
234	271	307	339	381	440	494	540	581	615	647	695	746	807	872
171	211	250	282	322	379	433	485	532	572	615	666	712	763	969
440	515	590	668	748	905	1065	1230	1385	1550	1710	1875	2040	2200	2385
560	620	725	803	880	1010	1160	1350	1580	1795	1975	2195	2380	2540	2680
516	583	660	730	820	968	1150	1330	1590	1820	2030	2270	2540	2810	3100
127	120	123	120	118	112	109	110	114	116	116	117	117	115	112
117	113	112	109	110	107	108	108	115	118	119	125	125	128	130
591	689	787	877	973	1159									
537	625	707	791	881	1037									
603	696	805	897	996	1173									
615	712	809	902	998	1049									
330	344	350	352	347	316									
341	357	368	372	372	341									
880	1030	1180	1335	1495	1810									
1320	1540	1740	1950	2150	2255									
150	150	148	146	144	125									
194	230	267	301	337	406	465	533	596	659	721	784	852	910	978
184	217	252	285	320	382	437	494	555	610	666	722	780	839	901
167	200	235	267	302	374	449	521	598	676	758	838	915	991	1071
151	185	218	251	282	354	424	494	570	646	729	807	882	959	1087
194	229	267	299	335	401	462	524	589	656	727	792	864	935	1010
197	234	269	306	338	406	463	525	586	642	698	760	820	882	945
165	173	238	275	315	397	480	566	653	740	832	922	1008	1100	1194
136	168	202	235	270	349	429	508	598	686	778	868	955	1049	1140
440	515	590	668	748	905	1065	1230	1385	1550	1710	1875	2040	2200	2385
417	495	575	647	725	875	1000	1150	1285	1455	1630	1800	1970	2130	2340
424	504	580	660	727	875	1035	1215	1285	1550	1790	1990	2180	2360	2570
95	96	97	97	97	97	94	93	93	94	95	96	97	97	98
96	98	98	99	97	97	97	99	93	100	105	106	107	107	108

Tabelle 12. **Verschiebungen in de**

U-Eisen NP. 20 einzeln oder zu zweien nur unmittelbar mit dem Steg oder auch gleichzeitig durc

Stab Nr.	Lage der U-Eisen	Anzahl jeder Reihe	Anzahl Gesamt	Nietloch Durchmesser mm	Teilung mm	des Stabes F_{netto} qcm	aller Niete Q qcm	des	gegen	am Stabende	auf Seite	Zeichen der Meßstelle	2810	7310	11 650	12 850	20 740	25 16
59	(siehe Skizze)	2 und 3 (siehe Skizze)	10	20	80	$32{,}2 - 2{,}20 \cdot 0{,}35 = 28{,}8$	31,4	U-Eisens (Stegrand)	Anschlußblech	rechts	1	a	0	1	2	4	8	11
											2	b	1	2	3	5	10	16
										links	1	c	0	1	2	5	10	16
											2	d	1	1	1	2	4	7
								U-Eisens (Flanschrand)	Beiwinkel	rechts	1	e	0	0	0	0	0	0
											2	f	0	0	0	−1	0	0
										links	1	g	0	0	0	0	1	3
											2	h	0	0	0	0	1	1
								Beiwinkels	Anschlußblech	rechts	1	i	1	1	2	5	8	12
											2	k	0	0	0	0	1	2
										links	1	l	0	0	0	0	0	1
											2	m	0	0	0	0	0	1
60	(siehe Skizze)	2 und 3 (siehe Skizze)	10	20	80	57,6	62,8	U-Eisens (Stegrand)	Anschlußblech	rechts	1	a	−1	−1	−1	0	0	0
											2	b	1	1	2	2	2	3
										links	1	c	0	1	1	1	1	2
											2	d	1	1	1	1	2	2
								U-Eisens (Flanschrand)	Beiwinkel	rechts	2	e	0	0	0	0	1	1
											1	f	0	0	0	0	0	0
										links	2	g	0	0	0	0	0	0
											1	h	0	0	0	1	1	1
								Beiwinkel	Anschlußblech	rechts	2	i	0	0	0	0	0	0
											1	k	0	0	0	0	0	0
										links	2	l	0	0	0	0	0	0
											1	m	0	0	0	0	0	0
61		5	10	20	80	28,8	31,4	U-Eisens	Anschlußblech	links	1	f	0	0	0	0	2	6
											2	h	0	0	0	1	5	8
									Nietreihe 1	rechts	1	a	1	2	3	4	5	8
											2	d	1	1	2	3	4	6
								U-Eisens	Anschlußblech	links	1	e	0	0	0	0	0	1
											2	g	−1	1	4	7	10	15
									Nietreihe 5	rechts	1	b	0	2	3	3	4	6
											2	c	0	1	2	2	3	6
62		5	10	20	80	57,6	62,8	U-Eisens	Anschlußblech	links	1	f	0	0	0	0	1	1
											2	h	0	0	1	1	1	1
									Nietreihe 1	rechts	1	a	0	0	0	0	—	—
											2	d	0	1	1	0	0	0
								U-Eisens	Anschlußblech	links	1	e	0	0	0	0	1	1
											2	g	0	1	1	2	2	3
									Nietreihe 5	rechts	1	b	0	0	0	0	—	—
											2	c	0	1	1	1	1	1

Anschlüssen der Stäbe 59 bis 62.

Beiwinkel mit den Flanschen an ein Blech von 350 mm Breite und 25 mm Dicke angeschlossen

Gleiten des Stabes gegen das Anschlußblech in mm 10^{-2} bei den folgenden Belastungen

9 610	33 990	38 470	43 040	47 480	52 180	56 820	61 330	65 900	70 670	75 180	79 750	84 520	89 160	93 870	98 370	103 220	108 000	112 850	117 560	122 270	126 780	131 540	137 500
15	18	21	25	31	42																		
22	27	32	36	42	54																		
23	28	34	42	52	67																		
9	12	15	18	23	28																		
0	0	0	1	2	5																		
0	1	2	3	3	4																		
5	7	8	10	11	12																		
2	3	4	5	5	6																		
14	16	17	18	19	21																		
3	5	6	7	9	10																		
1	2	2	2	1	2																		
2	3	4	4	4	—																		
−1	−1	−1	+4	6	8	10	12	14	16	19	21	24	25	28	31	32	36	39	41	43	48	57	64
4	5	6	7	11	13	15	17	18	20	22	25	27	28	32	33	36	38	40	42	46	51	56	—
3	5	7	9	11	13	15	17	18	20	22	24	26	28	30	32	35	37	41	45	50	55	61	66
2	4	6	7	9	10	13	15	16	19	21	23	25	26	29	31	35	37	40	45	50	56	63	—
1	1	2	3	5	5	6	7	8	9	10	11	12	13	15	15	16	17	18	19	20	21	23	25
0	1	2	3	3	4	4	5	6	6	8	8	9	10	10	11	12	13	14	15	16	18	19	22
1	2	3	4	5	5	6	7	8	9	9	10	11	12	13	14	15	16	17	19	21	23	25	28
1	2	3	4	5	5	7	7	8	9	10	11	12	12	13	13	15	16	17	18	20	22	24	26
0	0	0	0	1	1	1	1	1	2	2	3	3	4	4	5	6	6	7	8	9	11	13	15
1	1	2	3	4	5	6	6	6	7	7	8	8	9	9	10	10	11	11	12	12	13	14	15
0	0	1	2	3	4	5	6	7	8	9	10	10	12	13	14	16	17	18	20	21	22	23	24
0	0	0	0	0	1	1	1	2	2	2	2	3	3	3	4	4	4	5	6	6	7	8	8
10	12	16	18	21	25																		
13	16	19	21	23	26																		
10	14	18	22	24	28																		
8	13	16	20	22	26																		
2	3	4	5	5	10																		
19	23	27	31	34	39																		
10	14	18	21	23	26																		
9	14	19	23	26	31																		
2	2	2	3	5	7	11	14	16	19	22	26	29	32	37	39	42	45	48	50	53	59	61	66
1	2	2	3	4	6	11	14	17	21	24	29	32	36	41	44	47	50	54	56	59	62	66	74
0	0	1	1	1	2	4	6	9	11	14	16	19	16	20	23	26	31	33	37	39	43	47	51
1	1	1	1	1	1	1	2	4	7	9	11	14	17	21	24	29	32	34	39	41	44	48	53
2	2	3	4	5	7	11	14	17	21	26	30	34	39	43	47	51	54	58	62	66	71	76	82
3	4	5	6	9	13	18	21	24	28	32	36	40	45	50	55	59	63	66	70	74	79	85	90
0	1	2	3	5	6	9	11	13	15	19	23	25	28	30	34	32	36	39	42	45	48	53	56
1	1	1	2	2	3	5	6	9	11	13	16	17	20	24	26	29	32	35	37	39	41	43	46

Tabelle 13.

Summe der Durchbiegungen beider ∪-Eisen (Änderung des gegenseitigen Abstandes) senkrecht zur Ebene der Stege bei wachsender Belastung.

A. Die Flanschen der ∪-Eisen liegen nach außen.

Stab Nr.	Bindebleche vorhanden in	s. Fig.	Zeichen	16580	24860	33520	42180	50840	59800	68780	86950	105400	124160	143000	161910
19a		73	1a	-5	-8	-9	-9	-6	-5	-5	-2	+1	+3	-8	-42
19b				-7	-11	-11	—	-11	—	-10	-10	-6	-8	-12	—
Mittel				-6	-9,5	-10	—	-8,5	—	-7,5	-6	-2,5	-2,5	-10	—
19a		73	2a	-7	-13	-15	-18	-20	-23	-25	-29	-34	-40	-59	-94
19b				-6	-13	-15	—	-21	—	-27	-32	-37	-44	-57	—
Mittel				-6,5	-13	-15	—	-20,5	—	-26	-30,5	-35,5	-42	-58	—
19a	Mitte	73	3a	-4	10	-11	-15	-17	-19	-20	-26	-30	-40	-56	-81
19b				-5	-9	-10	—	-13	—	19	-23	-28	-35	-49	—
Mittel				-4,5	-9,5	-10,5	—	-15	—	19,5	24,5	-29	-37,5	-52,5	—
19a		73	4d	-0,9	1,8	-2,4	-3,0	-3,7	-4,6	-5,3	-7,2	-9,5	-10,0	-15,0	-25,0
19b				1,2	2,2	-2,8	—	-4,2	—	-5,7	7,0	-9,4	-11,8	—	—
Mittel				-1,05	-2,0	2,6	—	-3,95	—	-5,5	-7,1	-9,45	-10,9	—	—
19a		73	5d	-0,09	-0,2	-0,3	-0,4	0,5	-0,7	-0,8	-1,2	-1,6	-2,8	-4,4	-6,8
19b				-0,21	-0,4	-0,5	—	0,7	—	-0,9	-1,1	-1,5	-2,2	-3,5	—
Mittel				-0,15	-0,3	-0,4	—	0,6	—	-0,85	-1,15	-1,55	-2,5	-3,95	—
19a		73	6	0	0	0	0	0	+0,04	+0,04	+0,09	+0,14	+0,19	+0,20	+0,24
19b				-0,07	-0,06	-0,07	—	0,04	—	-0,02	±0,00	+0,02	-0,03	+0,02	—
Mittel				-0,04	-0,03	0,035	—	0,02	—	+0,01	+0,045	+0,08	+0,08	+0,11	—
21a		75	1d	0,44	1,0	1,6	2,4	3,2	—	5,0	7,1	9,4	11,2	13,6	—
21b				0,34	0,84	1,4	2,2	3,2	4,0	5,1	7,3	9,9	11,0	—	—
Mittel				0,39	0,92	1,5	2,3	3,2	—	5,1	7,2	9,7	11,1	—	—
21a		75	2d	-0,32	-0,7	-1,1	-1,7	-2,3	—	-3,8	-5,9	-8,3	-10,0	-12,0	—
21b				-0,22	0,6	-0,8	-1,5	-2,0	-2,6	-3,2	-5,2	-7,6	-10,0	—	—
Mittel				0,27	-0,65	-0,95	-1,6	2,2	—	3,5	-5,6	-8,0	-10,0	—	—
21a	Mitte und an beiden Enden	75	3d	-0,30	-0,60	-1,0	-1,7	-2,3	—	-3,9	-6,1	-8,5	-10,0	-13,0	—
21b				-0,26	-0,54	-0,94	-1,4	-2,1	-2,7	-3,4	-5,4	-7,9	-10,4	—	—
Mittel				-0,28	-0,57	-0,97	-1,55	-2,2	—	-3,7	-5,8	-8,2	-10,2	—	—
21a		75	4d	-0,10	-0,16	-0,24	-0,38	-0,58	—	-1,2	-2,0	-2,9	-4,1	-6,0	—
21b				0,30	-0,34	-0,46	-0,54	0,72	0,92	-1,1	-1,7	-2,5	-3,6	—	—
Mittel				-0,20	-0,25	-0,35	-0,46	-0,65	—	-1,2	-1,9	-2,7	-3,9	—	—
21a		75	5d	0,0	0,0	0,0	0,0	0,02	—	-0,12	-0,27	-0,32	-0,71	-1,1	—
21b				-0,1	-0,12	-0,15	0,12	-0,09	-0,12	-0,15	-0,26	-0,39	-0,63	—	—
Mittel				-0,05	-0,06	-0,08	-0,06	-0,06	—	-0,14	-0,27	-0,36	-0,67	—	—
21a		75	6	0,0	+0,01	+0,02	+0,0	-0,01	—	-0,02	-0,02	-0,02	-0,02	-0,01	—
21b				0,0	0,00	+0,02	+0,02	+0,08	+0,05	+0,06	+0,06	+0,04	+0,06	—	—
Mittel				0,00	0,01	0,02	0,01	0,04	—	0,02	0,02	0,01	0,02	—	—

Tabelle 14.

Summe der Durchbiegungen beider ∪ - Eisen (Änderung des gegenseitigen Abstandes) senkrecht zur Ebene der Stege bei wachsender Belastung.

B. Die Flanschen der ∪ - Eisen liegen nach innen.

Stab Nr.	Binde-bleche vor-handen in	Meßstelle s. Fig.	Meßstelle Zeichen	Änderung des Abstandes zwischen den beiden ∪-Eisen in $^1/_{10}$ mm beobachtet bei den übergeschriebenen Zugbelastungen in kg									
				16 580	24 860	33 520	42 180	50 840	68 780	86 950	105 400	124 160	143 000
20a 20b		74	1a	0,0 −20	0,0 —	0,0 −26	— —	2,0 −25	3,0 −25	3,0 −25	3,0 −25	7,0 −24	— —
Mittel				—	—	—	—	—	—	—	—	—	—
20a 20b		74	2a	2,7 −11	7,1 —	10,8 − 9	— —	16,0 − 4	23,0 ± 0	29,0 +6,0	36,0 +10,0	46,0 +16,0	— —
Mittel				—	—	—	—	—	—	—	—	—	—
20a 20b	Mitte	74	3a	2,2 −4	5,2 —	8,0 −3	— —	13,1 ± 0	17,0 + 4,0	23,0 + 9,0	29,0 +11,0	27,0 +16,0	— —
Mittel				—	—	—	—	—	—	—	—	—	—
20a 20b		74	4d	0,5 −9,5	1,3 —	1,9 −10,1	— —	3,4 −2,4	4,7 +2,9	6,2 7,9	8,1 13,9	12,5 24,2	— —
Mittel				—	—	—	—	—	—	—	—	—	—
20a 20b		74	5d	0,09 −2,0	0,26 —	0,22 −3,0	— —	0,39 −3,6	0,50 −4,4	0,7 −4,8	1,1 −5,3	2,1 −4,8	— —
Mittel				—	—	—	—	—	—	—	—	—	—
20a 20b		74	6	−0,02 −0,33	−0,02 —	−0,03 −0,55	— —	−0,05 −1,10	−0,10 −1,20	−0,11 −1,20	−0,09 −1,42	−0,07 −1,64	— —
Mittel				—	—	—	—	—	—	—	—	—	—
22a 22b		76	1d	−0,89 −1,18	−1,9 —	−2,8 −3,3	−3,9 —	−5,1 −5,3	−7,1 −7,7	− 9,3 −10,4	−11,0 —	(−11,0) (−11,0)	(−13,0) (−14,0)
Mittel				−1,04	—	−3,1	—	−5,2	−7,4	− 9,9	—	(−11,0)	(−13,5)
22a 22b		76	2d	0,53 0,80	1,18 —	1,84 2,33	2,63 —	3,66 4,24	5,35 5,98	7,08 7,76	8,83 9,70	10,9 11,5	13,2 14,0
Mittel				0,67	—	2,09	—	3,95	5,67	7,42	9,27	11,2	13,6
22a 22b	Mitte und an beiden Enden	76	3d	0,49 0,73	1,16 —	1,84 2,16	2,60 —	3,53 3,96	5,26 5,68	6,95 7,49	8,95 9,72	11,3 11,8	12,0 14,0
Mittel				0,61	—	2,00	—	3,75	5,47	7,22	9,34	11,55	13,0
22a 22b		76	4d	0,07 0,05	0,34 —	0,55 0,39	0,80 —	1,12 0,96	1,76 1,58	2,45 2,24	3,36 3,22	4,39 4,18	6,79 6,15
Mittel				0,06	—	0,47	—	1,04	1,67	2,35	3,29	4,29	6,47
22a 22b		76	5d	−0,02 +0,05	+0,02 —	0,03 0,10	0,03 —	0,07 0,24	0,19 0,31	0,31 0,46	0,50 0,70	0,79 0,94	1,48 1,59
Mittel				0,02	—	0,07	—	0,16	0,25	0,39	0,60	0,87	1,54
22a 22b		76	6	0,01 0,00	−0,03 —	+0,02 +0,01	−0,02 —	−0,01 −0,02	−0,02 −0,01	−0,05 −0,01	−0,05 ±0,00	−0,02 −0,03	−0,05 ±0,00
Mittel				0,01	—	0,02	—	−0,02	−0,02	−0,03	−0,03	−0,03	−0,03

Tabelle 15.

Verschiebung der Bindebleche in Mitte Stablänge gegen die zugbelasteten ⊔-Eisen.

Die Verschiebungen sind als + gerechnet, wenn bei den Stäben 19 und 21 nach nebenstehender Skizze die Flanschränder und bei den Stäben 20 und 22 die Stegrücken gegen die Kanten der Bindebleche nach außen sich bewegten.

Stab Nr.	Flanschen d. ⊔-Eisen liegen nach	Bindebleche vorhanden in	Meßstelle	16 580	24 860	33 520	42 180	50 840	68 780	86 950	105 400	124 160	143 000
19a			9	−0,10	−0,22	−0,28	−0,40	−0,54	−0,88	−1,30	−1,84	−3,10	−4,26
			10	+0,04	±0	+0,02	+0,04	+0,04	+0,08	+0,10	+0,06	−0,08	−0,48
			Gesamt	−0,06	−0,22	−0,26	−0,36	−0,50	−0,80	−1,20	−1,78	−3,02	−3,78
19b		Mitte	9	−0,08	−0,12	−0,14	—	−0,26	−0,42	−0,72	−0,90	−1,02	−1,72
			10	±0	±0	−0,06	—	−0,12	−0,14	−0,18	−0,42	−0,46	−0,88
			Gesamt	−0,08	−0,12	−0,20	—	−0,38	−0,56	−0,90	−1,32	−1,48	−2,60
19a u. b	außen		Mittel	**−0,07**	**−0,17**	**−0,23**	—	**−0,44**	**−0,68**	**−1,05**	**−1,55**	**−2,25**	**−3,19**
21a			9	−0,08	−0,08	−0,10	−0,10	−0,12	−0,16	−0,24	−0,30	−0,44	−0,64
			10	+0,06	+0,06	+0,08	+0,06	+0,08	+0,10	+0,10	+0,02	+0,02	−0,12
		Mitte und an den Enden	Gesamt	−0,02	−0,02	−0,02	−0,04	−0,04	−0,06	−0,14	−0,28	−0,42	−0,76
21b			9	−0,06	−0,10	−0,18	—	−0,22	−0,34	−0,50	−0,56	−0,72	—
			10	±0,00	±0,00	±0,00	—	+0,04	+0,06	+0,06	+0,06	+0,06	—
			Gesamt	−0,06	−0,10	−0,18	—	−0,18	−0,28	−0,44	−0,50	−0,66	—
21a u. b			Mittel	**−0,04**	**−0,06**	**−0,10**	—	**−0,11**	**−0,17**	**−0,29**	**−0,39**	**−0,54**	—
20a		Mitte	9	−0,06	±0,00	+0,08	—	+0,18	+0,40	+0,42	+0,68	+0,98	—
			10	+0,34	+0,40	+0,44	—	+0,56	+0,62	+0,76	+0,92	+1,40	—
			Gesamt	**+0,28**	**+0,40**	**+0,52**	—	**+0,74**	**+1,02**	**+1,18**	**+1,60**	**+2,38**	—
22a	innen		9	0,16	+0,08	+0,10	+0,14	+0,20	+0,26	+0,36	+0,40	+0,50	+0,66
			10	±0,00	0,02	+0,02	+0,04	+0,06	+0,10	+0,04	+0,18	+0,26	+0,40
		Mitte und an den Enden	Gesamt	0,16	+0,06	+0,12	+0,18	+0,26	+0,36	+0,40	+0,58	+0,76	+1,06
22b			9	+0,02	—	+0,08	—	+0,18	+0,20	+0,22	+0,32	+0,38	+0,42
			10	+0,02	—	+0,02	—	+0,04	+0,06	+0,10	+0,18	+0,30	+0,58
			Gesamt	+0,02	—	+0,10	—	+0,22	+0,26	+0,32	+0,50	+0,68	+1,00
22a u. b			Mittel	**−0,07**	—	**+0,11**	—	**+0,24**	**+0,31**	**+0,36**	**+0,54**	**+0,72**	**+1,03**
Belastungen in kg				32 910	63 800	84 500	105 570	126 640	147 590	157 930	168 260	178 610	188 930
19		Mitte	9	+0,16	+0,18	+0,18	+0,18	+0,04	−0,50	−0,84	−1,38	1,52	−1,92
			10	−0,10	−0,06	−0,02	−0,06	−0,06	−0,50	−0,86	−1,56	−1,96	−3,20
	außen		Gesamt	+0,06	+0,12	+0,16	+0,12	−0,02	−1,00	−1,70	−2,94	−3,48	−5,12
21			9	+0,02	+0,14	+0,24	+0,36	+0,44	+0,52	+0,48	+0,48	—	+0,44
		Mitte und an den Enden	10	+0,00	+0,08	+0,08	+0,10	0,16	−0,22	−0,14	−0,50	—	−0,72
			Gesamt	+0,02	+0,22	+0,32	+0,46	+0,28	+0,30	+0,34	−0,02	—	−0,28
22	innen		9	+0,04	+0,14	+0,20	+0,30	+0,36	+0,42	+0,44	+0,46	+0,28	+0,12
			10	+0,04	+0,10	+0,12	+0,14	+0,18	+0,20	+0,20	+0,24	+0,20	+0,10
			Gesamt	+0,08	+0,24	+0,32	+0,44	+0,54	+0,62	+0,64	+0,70	+0,48	+0,22

Tabelle 16.

Verschiebung der Bindebleche am Stabende gegen die zugbelasteten ∪-Eisen.

Stab Nr.	Flanschen d. ∪-Eisen liegen nach	Bindebleche vorhanden in	Meßstelle	16580	24860	33520	42180	50840	68780	86950	105400	124160	143000
				Verschiebung in $^1/_{10}$ mm beobachtet bei den übergeschriebenen Zugbelastungen in kg									

A. Gesamt-Verschiebung.

Stab Nr.	Flanschen d. ∪-Eisen liegen nach	Bindebleche vorhanden in	Meßstelle	16580	24860	33520	42180	50840	68780	86950	105400	124160	143000
21 b	außen		32	−0,02	−0,04	−0,01	−0,04	−0,04	−0,24	−0,42	−0,84	−1,30	—
			33	0,00	−0,02	−0,04	−0,08	−0,12	−0,34	−0,58	−0,84	−1,04	—
			Gesamt	**−0,02**	**−0,06**	**−0,05**	**−0,12**	**−0,16**	**−0,58**	**−1,00**	**−1,68**	**−2,34**	**—**
22 a		Mitte und an den Enden	32	+0,06	+0,06	+0,18	+0,26	+0,38	+0,58	+0,84	+1,10	+1,38	+1,64
			33	+0,00	+0,10	+0,20	+0,26	+0,44	+0,70	+0,92	+1,22	+1,44	+1,82
	innen		Gesamt	+0,06	+0,16	+0,38	+0,52	+0,82	+1,28	+1,76	+2,32	+2,82	+3,46
22 b			32	+0,06	—	+0,28	—	+0,72	+0,96	+1,26	+1,56	+1,80	+2,14
			33	+0,14	—	+0,44	—	+0,62	+0,80	+0,98	+1,20	+1,48	+1,58
			Gesamt	+0,20	—	+0,72	—	+1,34	+1,76	+2,24	+2,76	+3,28	+3,72
22 a u. b			Mittel	**+0,13**	**—**	**+0,55**	**—**	**+1,08**	**+1,52**	**+2,00**	**+2,54**	**+3,05**	**+3,59**

B. Bleibende Verschiebung nach dem Entlasten.

Stab Nr.	Flanschen d. ∪-Eisen liegen nach	Bindebleche vorhanden in	Meßstelle	16580	24860	33520	42180	50840	68780	86950	105400	124160	143000
21 b	außen		32	−0,02	−0,02	±0,00	−0,02	−0,02	−0,02	−0,18	−0,50	−0,94	—
			33	±0,00	−0,02	−0,04	−0,06	−0,10	−0,28	−0,50	−0,72	−0,86	—
			Gesamt	**−0,02**	**−0,04**	**−0,04**	**−0,08**	**−0,12**	**−0,30**	**−0,68**	**−1,22**	**−1,80**	**—**
22 a		Mitte und an den Enden	32	+0,02	+0,06	+0,12	+0,14	+0,20	+0,26	+0,32	+0,44	+0,64	+0,68
			33	+0,02	+0,06	+0,12	+0,22	+0,32	+0,46	+0,64	+0,84	+1,04	+1,42
	innen		Gesamt	+0,04	+0,12	+0,24	+0,36	+0,52	+0,72	+0,96	+1,28	+1,68	+2,10
22 b			32	±0,00	—	+0,16	—	+0,44	+0,56	+0,74	+0,94	+1,10	+1,36
			33	+0,14	—	+0,32	—	+0,36	+0,36	+0,40	+0,52	+0,58	+0,76
			Gesamt	+0,14	—	+0,48	—	+0,80	+0,92	+1,14	+1,46	+1,68	+2,12
22 a u. b			Mittel	**+0,09**	**—**	**+0,36**	**—**	**+0,66**	**+0,82**	**+1,05**	**+1,37**	**+1,68**	**+2,11**

Tabelle 17.

Änderung der Querschnittsform der U-Eisen und das Krümmen der Anschlußbleche.

Stab. Nr.	Form der Stäbe: Flanschen d. U-Eisen liegen nach	Bindebleche vorhanden in	Meßstelle	Formänderung bei den übergeschriebenen Belastungen in kg										
				8290	16 580	24 860	33 520	42 180	50 840	68 780	86 950	105 400	124 160	143 000
a) Krümmen der U-Eisen-Stege auf 200 mm Meßlänge in $^1/_{1000}$ mm														
19 b	außen	Mitte	19	0	0	−15	0	—	0	−8	−1	+2	+20	+50
20 a	innen	Mitte		5	11	13	19	—	23	24	29	44	46	—
20 b	innen			Alle Werte wie bei 20 a positiv; nicht angegeben, da Nullablesung unsicher.										
21 a	außen	Mitte und		—	(0)	(0)	(0)	(−20)	(−30)	(−30)	(−60)	(−60)	(−80)	(−100)
21 b	außen			10	13	13	13	—	29	19	32	43	53	—
22 a	innen	an den Enden		(−3)	(−1)	(−1)	(−9)	(−9)	(−4)	(−14)	(−18)	(−42)	(−67)	(−114)
22 b	innen			−14	−12	—	−1	—	−7	+12	+12	+ 9	+20	+21
b) Krümmen der Anschlußbleche auf 200 mm Meßlänge in $^1/_{1000}$ mm														
19 b	außen	Mitte	20	+5	+10	10	14	—	16	20	24	32	50	60
20 a	innen	Mitte		3	5	10	15	—	21	31	35	46	51	—
20 b	innen			0	20	—	0	—	5	20	25	45	60	—
21 a	außen	Mitte und		—	(0)	(10)	(10)	(−10)	(−20)	(−30)	(−30)	(−30)	(−40)	(−40)
21 b	außen			0	−7	+4	4	4	18	21	33	44	54	—
22 a	innen	an den Enden		—	(128)	(122)	(133)	(74)	(−8)	(−18)	(−6)	(−8)	(−40)	(−58)
22 b	innen			−1	0	—	−1	—	+8	+22	24	27	27	24
c) Verminderung des Abstandes zwischen den Flanschkanten in $^1/_{10}$ mm														
19 b	außen	Mitte	21	0	0	0	1	—	1	2	2	4	5	8
20 a	innen	Mitte		0	0	0	1	—	2	2	2	2	3	—
20 b	innen			0	0	—	0	—	0	2	1	2	5	—
21 a	außen	Mitte und		0	0	0	1	1	1	1	1	1	3	3
21 b	außen			0	0	1	1	1	1	1	2	3	4	—
22 a	innen	an den Enden		0	0	1	1	1	1	1	2	3	4	6
22 b	innen			2	4	—	6	—	4	6	5	7	7	8

Tabelle 18.

Das Krümmen der Bindebleche bei wachsender Zugbelastung.

Krümmen nach außen, d. h. in Fig. 69 nach oben ist als + bezeichnet, nach unten als —

Stab Nr.	Flanschen der ⊔-Eisen liegen nach	Bindebleche vorhanden in	Meßstelle, gelegen am Bindeblech	8290	16 580	24 860	33 520	42 180	50 840	68 780	86 950	105 400	124 160	143 000
				Krümmungen in $^1/_{100}$ mm bei den übergeschriebenen Belastungen in kg										

a) Gesamt-Krümmung unter der Belastung.

Stab Nr.	Form liegen nach	Bindebleche in	Meßstelle	8290	16 580	24 860	33 520	42 180	50 840	68 780	86 950	105 400	124 160	143 000
19 a	außen	Mitte	17 in Mitte Stablänge	1	3	7	10	13	15	17	17	22	25	31
19 b				2	3	6	7	—	10	12	16	19	22	25
20 a	innen	Mitte		0	−1	−2	−3	—	−4	−7	−8	−10	−11	—
20 b				−1	−1	—	−3	—	−4	−6	−7	− 8	− 9	—
21 a	außen	Mitte und an den Enden		—	1	1	1	2	3	4	4	5	6	5
21 b				—	0	1	7	8	8	9	9	10	12	—
22 a	innen	an den Enden		—	0	−1	−1	−2	−2	−2	−3	−3	−4	−5
22 b				—	−1	—	−2	—	−2	−3	−3	−4	−5	−6

b) Bleibende Krümmung nach dem Entlasten.

Stab Nr.	Form liegen nach	Bindebleche in	Meßstelle	8290	16 580	24 860	33 520	42 180	50 840	68 780	86 950	105 400	124 160	143 000
19 a	außen	Mitte	17 in Mitte Stablänge	—	2	2	2	2	1	1	0	−2	−2	−2
19 b				—	1	1	1	—	0	−1	−1	−2	−3	−2
20 a	innen	Mitte		—	0	0	0	—	0	0	0	0	0	—
20 b				—	−1	—	+1	—	+1	+1	+1	+1	0	—
21 a	außen	Mitte und an den Enden		—	−1	−3	−3	−3	−2	−2	−2	−2	−3	−3
21 b				—	−1	−1	3	4	3	4	4	4	3	—
22 a	innen	an den Enden		—	0	0	0	0	0	0	0	0	0	0
22 b				—	0	0	0	0	0	0	0	−1	0	0

c) Gesamt-Krümmung unter der Belastung.

Stab Nr.	Form liegen nach	Bindebleche in	Meßstelle	8290	16 580	24 860	33 520	42 180	50 840	68 780	86 950	105 400	124 160	143 000
21 a	außen	Mitte und an den Enden	18 am Stabende	—	4	8	11	15	17	22	29	35	42	52
21 b				—	2	5	9	12	15	21	25	31	41	—
22 a	innen	an den Enden		—	−1	−3	−4	−5	−6	−7	−12	−15	−18	−23
22 b				—	−1	—	−3	—	−6	−8	−10	−13	−16	−19

d) Bleibende Krümmung nach dem Entlasten.

Stab Nr.	Form liegen nach	Bindebleche in	Meßstelle	8290	16 580	24 860	33 520	42 180	50 840	68 780	86 950	105 400	124 160	143 000
21 a	außen	Mitte und an den Enden	18 am Stabende	—	0	0	1	1	1	1	1	1	3	8
21 b				—	−1	0	−1	−1	−1	−1	0	2	4	—
22 a	innen	an den Enden		—	0	0	0	0	0	0	0	0	−3	−4
22 b				—	0	—	0	—	0	0	0	0	0	−3

Tabelle 19 (s. S. 80).

Tabelle 20. Dehnungen der U-Eisen etwa 500 mm vom mittleren
gemessen am Flanschrande und am Steg auf halber Höhe

Stab Nr.	Flanschen der U-Eisen liegen nach	Bindeblech vorhanden in	am	Meßstelle (s. Fig.65)	16 580	24 860	33 530	50 840	68 780	86 950	105 400	124 160	143 000	162 300
									Dehnungen und Verkürzungen (—) δ in % 10^{-4} beobachtet					
									bei den übergeschriebenen Zugbelastungen in kg					
19a			Steg, Mitte[1])	14	73	115	153	242	336	438	539	656	808	992
19b					90	139	185	280	378	474	576	690	808	—
Mittel					**82**	**127**	**169**	**261**	**357**	**456**	**558**	**673**	**808**	—
19a	außen	Mitte Stablänge	Flansch, Mitte	15	89	128	162	247	325	409	486	554	596	645
19b					82	130	166	246	326	407	491	567	615	—
Mittel					**86**	**129**	**164**	**247**	**326**	**408**	**489**	**561**	**606**	—
19a			Steg, Stabende	11	131	199	249	364	477	594	697	689	558	457
19b					190	286	360	510	658	774	870	914	980	—
Mittel					**161**	**243**	**305**	**437**	**568**	**684**	**784**	**802**	**769**	—
19a			Flansch, Stabende	12	− 79	−128	−163	−246	−330	−492	−583	−682	−805	−1270
19b					−106	−158	−198	−280	−364	−438	−528	−632	−788	—
Mittel					**− 93**	**−143**	**−181**	**−263**	**−347**	**−465**	**−556**	**−657**	**−797**	—
21a			Steg, Mitte	14	93	141	185	279	376	472	570	672	780	—
21b					92	139	183	285	375	469	571	674	—	—
Mittel					**93**	**140**	**184**	**282**	**376**	**471**	**571**	**673**	—	—
21a	außen	Mitte und an den Enden	Flansch, Mitte	15	95	148	185	275	363	449	533	616	696	—
21b					92	146	175	266	346	433	513	583	—	—
Mittel					**94**	**147**	**180**	**271**	**355**	**441**	**523**	**600**	—	—
21a			Steg, Stabende	11	136	203	265	395	524	646	734	784	808	—
21b					142	216	276	418	538	652	744	770	—	—
Mittel					**139**	**210**	**271**	**407**	**531**	**649**	**739**	**777**	—	—
21a			Flansch, Stabende	12	−66	− 96	−132	−221	−315	−409	−504	−611	−822	—
21b					−68	−102	−142	−248	−350	−464	−586	−728	—	—
Mittel					**−67**	**− 99**	**−137**	**−235**	**−333**	**−437**	**−545**	**−670**	—	—

[1]) Unter „Mitte" ist in dieser Tabelle die Lage zwischen Anschluß und mittlerem Bindeblech zu verstehen.

Bindeblech entfernt und am Ende kurz hinter dem Anschluß,

(s. Fig. 63, 65, 69 u. 70).   Zweite Lieferung: Stäbe 19a bis 22b.

Stab Nr.	Flanschen liegen nach	Bindeblech vorhanden in	am	Meßstelle (s. Fig. 65)	16 580	24 860	33 530	50 840	68 780	86 950	105 400	124 160	143 000	162 300
20a			Steg, Mitte	14	76	123	171	267	368	464	569	684	—	—
20b					111	—	213	297	388	478	567	671	—	—
Mittel					94	—	192	282	378	471	568	678	—	—
20a			Flansch, Mitte	15	111	160	201	288	379	467	550	598	—	—
20b	innen				65	—	161	274	382	491	600	705	—	—
Mittel		Mitte			88	—	181	281	381	479	575	652	—	—
20a			Steg, Stabende	11	164	232	318	476	590	696	794	862	—	—
20b					160	—	302	448	580	698	798	862	—	—
Mittel					162	—	310	462	585	697	796	862	—	—
20a			Flansch, Stabende	12	−98	−148	−192	−290	−380	−468	−550	−650	—	—
20b					−70	—	−142	−220	−296	−374	−454	−542	—	—
Mittel					−84	—	−167	−255	−338	−421	−502	−596	—	—
22a			Steg, Mitte	14	86	131	174	267	361	457	559	661	731	—
22b					115	—	211	306	401	492	596	688	786	—
Mittel					101	(131)	193	287	381	475	578	675	758	—
22a			Flansch, Mitte	15	81	123	163	246	330	415	503	584	621	—
22b	innen	Mitte und an den Enden			100	—	183	278	373	463	552	634	700	—
Mittel					91	(123)	173	262	352	439	528	609	661	—
22a			Steg, Stabende	11	100	146	190	272	350	418	496	570	654	—
22b					186	—	326	460	590	714	820	884	926	—
Mittel					143	(146)	258	366	470	566	658	727	790	—
22a			Flansch, Stabende	12	−152	−222	−284	−424	−552	−668	−768	−830	−860	—
22b					−168	—	−282	−376	−458	−540	−630	−712	−838	—
Mittel					−160	(−222)	−283	−400	−505	−604	−699	−771	−849	—

Tabelle 19.

Dehnungen der U-Eisen etwa 500 mm vom mittleren Bindeblech entfernt und am Ende kurz vor dem Anschluß,

gemessen am Flanschrande und am Steg auf halber Höhe (s. Fig. 63, 65, 69 u. 70).

Erste Lieferung: Stäbe 19, 20, 21 u. 22.

Stab Nr.	Flanschen der U-Eisen liegen nach	Bindeblech vorhanden in	am	Meßstelle (s. Fig. 65)	Dehnungen und Verkürzungen (—) δ in % 10^{-4} bei den übergeschriebenen Zugbelastungen in kg																
					11090	22180	32910	42910	53570	63800	73990	84500	95040	105570	116110	126640	137180	147590	157930	168260	178610
19	außen	Mitte, Stablänge	Steg	14	45	61	77	99	128	152	179	213	247	275	306	338	389	435	509	582	—
			Flansch	15	34	92	150	208	273	322	374	429	478	517	554	566	545	514	479	—	—
			Steg	11	162	266	359	453	555	631	707	783	849	903	972	1089	1160	1187	1219	1173	—
			Flansch	12	−48	−95	−139	−186	−236	−273	−309	−350	−385	−418	−473	−568	−670	−781	−1061	—	—
21		Mitte und an den Stabenden	Steg	14	83	127	181	238	309	367	420	483	552	617	668	737	799	889	1013	1120	—
			Flansch	15	77	128	180	230	292	337	382	433	494	548	602	670	710	766	822	877	—
			Steg	11	123	210	272	340	407	459	500	550	593	638	667	688	693	640	537	372	—
			Flansch	12	−34	−83	−113	−145	−171	−200	−230	−270	−321	−389	−452	−438	−593	−689	−793	−877	—
20	innen	Mitte	Steg	14	34	65	97	138	181	217	257	305	347	398	447	498	567	615	—	—	—
			Flansch	15	127	190	256	332	407	472	537	623	684	722	763	791	837	863	—	—	—
			Steg	11	90	158	218	285	355	406	454	503	546	576	610	632	653	596	—	—	—
			Flansch	12	−53	−89	−129	−176	−221	−259	−293	−338	−376	−421	−472	−536	−649	−722	—	—	—
22		Mitte und an den Stabenden	Steg	14	56	100	136	185	240	271	322	365	412	463	513	560	616	656	702	786	858
			Flansch	15	64	116	161	196	280	320	379	430	484	544	604	657	720	768	819	899	944
			Steg	11	107	178	238	312	392	436	502	552	603	648	697	743	772	788	786	659	499
			Flansch	12	−124	−180	−250	−334	−428	−478	−562	−628	−704	−776	−864	−962	−1076	−1164	−1298	−1674	−2100

Tabelle 21.
Zugversuche mit Materialproben aus dem Stabe 22 b.
Proben im Amt entnommen, ungeglüht geprüft.

Stab Nr.	Probenentnahme		Abmessungen			Elastizitätszahl $\frac{1}{\alpha}=E$	Spannungen			Verhältnis $\frac{\sigma_S}{\sigma_B}\cdot100$	Mittlere Entfernung des Bruches von der nächsten Endmarke	Dehnung in %, bezogen auf die Länge			Querschnittsverminderung	Bruchaussehen
			Dicke	Breite	Querschnitt f		Proportionalitätsgrenze σ_P	Streckgrenze σ_S	Bruchgrenze σ_B			$l=5{,}65\sqrt{f}=100$ mm, je 50 mm	$l=11{,}3\sqrt{f}=200$ mm, je 100 mm	$l=200$ mm		
			mm	mm	qmm	kg/qmm	kg/qmm	kg/qmm	kg/qmm	%	mm	von der Bruchstelle			%	
1			10,2	31,7	323	20 200	24,8	25,3	36,7	69	80	43,7	35,1	34,7	66	
2		Flansch	10,5	31,5	331	19 450	22,7	25,6	35,7	72	70	41,2	33,0	32,7	64	Mattgrau, feinschuppig, Trichterbildung
3			10,1	31,7	320	20 200	25,0	26,4	36,6	72	95	40,3	31,9	31,9	65	
4			10,3	31,8	328	19 700	22,9	24,3	36,0	68	80	41,6	32,1	32,0	63	
Mittel			—	—	—	19 900	23,9	25,4	36,3	70	—	41,7	33,0	32,8	65	
5			10,4	31,8	331	19 050	22,7	25,5	38,9	66	˙30	33,3	28,2	27,3	56	
6		Steg	10,3	31,4	323	19 150	24,8	26,3	39,5	67	50	37,5	29,9	29,5	62	
7			10,3	32,0	330	18 500	21,2	25,5	38,1	67	80	38,7	31,4	31,2	60	
8			10,0	31,4	314	19 850	23,9	27,0	40,2	67	80	36,5	28,9	28,8	57	
Mittel			—	—	—	19 150	23,2	26,1	39,2	67	—	36,5	29,6	29,2	59	

Tabelle 22.
Zugversuche mit eingelieferten Materialproben.

Stab Nr.	Probenentnahme nach Angabe der Firma Harkort	Abmessungen			Spannungen		Verhältnis $\frac{\sigma_S}{\sigma_B}\cdot100$	Mittlere Entfernung des Bruches von der nächsten Endmarke	Dehnungen in %, bezogen auf die Länge			Querschnittsverminderung	Bruchaussehen
		Dicke	Breite	Querschnitt f	Streckgrenze σ_S	Bruchgrenze σ_B			$l=5{,}65\sqrt{f}=100$ mm, je 50 mm	$l=11{,}3\sqrt{f}=200$ mm, je 100 mm	$l=200$ mm		
		mm	mm	qmm	kg/qmm	kg/qmm	%	mm	von der Bruchstelle			%	
1	aus dem Flansch des Stabes 19	12,7	32,2	409	24,5	39,0	63	80	43,5	33,2	33,0	65	Mattgrau, feinschuppig, Trichterbildung
2		12,8	32,2	412	24,4	38,5	63	80	42,7	33,8	33,1	63	
3		12,9	32,2	415	23,4	35,4	66	60	42,0	34,0	33,4	62	
Mittel		—	—	—	24,1	37,6	64	—	42,7	33,7	33,2	63	
4	aus dem Steg des Stabes 19	9,9	32,1	318	23,6	37,7	63	90	40,9	30,9	30,9	58	
5		9,3	32,3	300	29,3	43,9	67	100	37,4	29,3	29,3	49	
6		9,3	32,2	300	29,9	45,5	66	100	34,6	27,0	27,0	49	
Mittel		—	—	—	27,6	42,4	65	—	37,6	29,1	29,1	52	

Tabelle 23.

Aus den Mittelwerten Tab. 20 berechnete Randspannungen und deren Verhältnis zu den bei Annahme gleichmäßiger Spannungsverteilung errechneten Werten $\frac{P}{F}$.

Beim Versuch angewendete Laststufen P in kg	16 580	24 860	33 530	50 840	68 780	86 950	105 400	124 160	143 000
Spannungen bei Annahme gleichmäßiger Lastverteilung über den Querschnitt: $\sigma' = P/F$ in kg/qcm	171	258	346	526	711	900	1090	1285	1480

I. Am Stabende, unmittelbar hinter dem Anschluß.

Randspannungen	Lage der Flanschen	Bindebleche vorhanden	Stäbe Nr.									
in Stegmitte $\sigma_{11} =$	außen	in der Mitte	19 a u. b	322	486	610	874	1136	1368	1568	1604	1538
		in Mitte u. a. d. Enden	21 a u. b	278	420	541	814	1062	1298	1478	1554	—
$\frac{\delta_{11}\,E}{l} = \delta_{11}\cdot 2$	innen	in der Mitte	20 a u. b	324	—	620	924	1170	1394	1582	1724	—
		in Mitte u. a. d. Enden	22 a u. b	286	—	516	732	940	1132	1316	1454	1580
am Flanschrande $\sigma_{12} =$	außen	in der Mitte	19 a u. b	−186	−286	−362	−526	− 694	− 930	−1112	−1314	−1594
		in Mitte u. a. d. Enden	21 a u. b	−134	−198	−274	−470	− 666	− 874	−1090	−1340	—
$\frac{\delta_{12}\,E}{l} = \delta_{12}\cdot 2$	innen	in der Mitte	20 a u. b	−168	—	−334	−510	− 676	− 842	−1004	−1192	—
		in Mitte u. a. d. Enden	22 a u. b	−320	—	−566	−800	−1010	−1208	−1398	−1542	−1698

II. Zwischen Anschluß und mittlerem Bindeblech, etwa 500 mm von letzterem entfernt.

Randspannungen	Lage der Flanschen	Bindebleche vorhanden	Stäbe Nr.									
in Stegmitte $\sigma_{14} =$	außen	in der Mitte	19 a u. b	164	254	338	522	714	912	1116	1346	1608
		in Mitte u. a. d. Enden	21 a u. b	186	280	368	564	752	942	1142	1346	—
$\frac{\delta_{14}\cdot E}{l} = \delta_{14}\cdot 2$	innen	in der Mitte	20 a u. b	188	—	384	564	756	942	1136	1356	—
		in Mitte u. a. d. Enden	22 a u. b	202	—	386	574	762	950	1156	1350	1516
am Flanschrande $\sigma_{15} =$	außen	in der Mitte	19 a u. b	172	258	328	594	652	816	978	1122	1212
		in Mitte u. a. d. Enden	21 a u. b	188	294	360	542	711	882	1046	1200	—
$\frac{\delta_{15}\,E}{l} = \delta_{15}\cdot 2$	innen	in der Mitte	20 a u. b	176	—	362	542	762	958	1150	1304	—
		in Mitte u. a. d. Enden	22 a u. b	182	—	346	524	704	878	1056	1218	1322

Verhältnis in % der beobachteten Spannungen σ_{11}, σ_{12}, σ_{14} und σ_{15} zu den bei Annahme gleichmäßiger Spannungsverteilung errechneten Spannungen σ^1.

	Stäbe Nr.									
$\dfrac{\sigma_{11}}{\sigma^1}\cdot 100$	19	188	188	176	166	159	152	144	125	104
	21	163	163	156	154	149	144	136	121	—
	20	189	—	179	175	165	155	145	134	—
	22	167	—	149	139	132	126	121	113	107
$\dfrac{\sigma_{12}}{\sigma^1}\cdot 100$	19	−109	−111	−105	−100	− 98	−103	−102	−102	−108
	21	− 78	− 77	− 79	− 89	− 94	− 97	−100	−104	—
	20	− 98	—	− 97	− 97	− 95	− 94	− 92	− 93	—
	22	−187	—	−164	−152	−142	−134	−128	−120	−115
$\dfrac{\sigma_{14}}{\sigma^1}\cdot 100$	19	96	99	97	99	100	101	102	105	109
	21	109	108	106	107	106	105	105	105	—
	20	110	—	111	107	106	105	103	105	—
	22	119	—	112	109	107	106	106	105	102
$\dfrac{\sigma_{15}}{\sigma^1}\cdot 100$	19	101	100	95	113	92	91	90	87	82
	21	109	114	104	103	100	98	96	93	—
	20	103	—	105	103	107	107	105	101	—
	22	106	—	100	100	99	98	97	95	89

Tabelle 24.
Bruchbelastungen der Diagonalen.

Stab Nr.	Form der Stäbe		Gesamt-Bruchbelastungen					Lage des Bruches	Bemerkungen
	Flanschen der U-Eisen liegen nach	Bindebleche vorhanden in	Einzel-werte P kg	Mittel kg	Verhältniszahlen %				
					Flan-sche außen = 100	Bindebleche in Mitte = 100			
						Einzel-werte	Mittel		
19	außen	Mitte Stablänge	246 200	—	100	100	100		Diese Stäbe sind früher einge-liefert als die übrigen
20	innen		249 030		101	100		Bei allen Stäben rissen ein oder beide	
21	außen	Mitte und an den Enden	234 800	—	100	95	92		
22	innen		220 400		94	89			
19a 19b	außen	Mitte Stablänge	175 200 149 620	162 410	100	100	100	Anschluß-bleche in der ersten, dem Einspann-bolzen zu-nächst liegen-den Nietreihe	2 Zerreißproben aus den An-schlußblechen der Stäbe 20a und 22a, im Amte entnom-men, lieferten im Mittel die Zugfestigkeit $\sigma_B = 4060\,\text{kg/qcm}$ (s. Tab. 25)
20a 20b	innen		134 970 161 910	148 440	92	100			
21a 21b	außen	Mitte und an den Enden	155 770 155 110	155 440	100	96	103		
22a 22b	innen		174 390 157 850	166 120	107	112			

[1]) $10\,(500 - 3 \cdot 21) = 4370$ qmm.

Tabelle 25.
Zugversuche mit Materialproben aus je einem Anschlußblech der Stäbe 20a und 22a.
Proben im Amt entnommen, ungeglüht geprüft.
Proben 1—3 aus Stab 20a, Proben 4—6 aus Stab 22a.

Stab Nr.	Proben-Entnahme		Abmessungen			Elasti-zitäts-zahl $\frac{1}{\alpha} = E$	Spannungen				Mittlere Entfer-nung d. Bruches von d. nächsten Endmarke	Dehnungen in %, bezogen auf die Länge			Querschnitts-verminderung
			Dicke	Breite	Quer-schnitt f		Propor-tionali-täts-grenze σ_P	Streck-grenze σ_S	Bruch-grenze σ_B	Ver-hältnis $\frac{\sigma_S}{\sigma_B} \cdot 100$		$l = 5{,}65\sqrt{f}$ = 100 mm, je 50 mm	$l = 11{,}3\sqrt{f}$ = 200 mm, je 100 mm	$l = 200$ mm	
			mm	mm	qmm	kg/qmm	kg/qmm	kg/qmm	kg/qmm	%	mm	von der Bruchstelle			%
1	obere	Rand-zone	9,2	35,2	324	19 950	12,4	24,1	37,4	65	100	39,4	32,1	32,1	68
4			9,1	35,0	319	20 760	21,9	23,3	37,5	62	30	37,7	30,8	30,3	67
2	untere		9,2	35,1	324	20 350	12,4	23,8	38,2	62	35	39,2	33,3	31,9	70
5			9,1	35,0	319	21 160	15,7	24,3	37,7	64	80	41,3	32,2	31,9	68
Mittel	—		—	—	—	20 560	15,6	23,9	37,7	64	—	39,4	32,1	31,6	68
3	Kern [1])		9,2	35,3	325	20 300	21,5	26,0	40,3	64	15	34,0	26,2	23,6	62
6			9,2	35,1	324	207 20	18,5	25,4	40,8	62	30	32,8	25,4	25,6	58
Mittel	—		—	—	—	20 010	20,0	25,7	40,6	64	—	33,4	25,8	24,6	60

[1]) Dicke entspricht der Dicke des tragenden Querschnittes des Anschlußbleches.

Tabelle 26.

Ausnutzung der Materialfestigkeit in den Anschlüssen der Diagonalen.

Mittlerer Netto-Gesamtquerschnitt der beiden Anschlußbleche $F_a = 2\,(50 - 3 \cdot 2{,}1) = 87{,}4$ qcm.

Stab Nr.	Form der Stäbe		Bruchbelastung P	Materialspannung $\sigma_{B_a} = \dfrac{P}{F_a}$	Ausnutzung der Materialfestigkeit $\dfrac{\sigma_{B_a}}{4060} \cdot 100$
	Flanschen der ∪-Eisen liegen nach	Bindebleche vorhanden in	kg	kg/qcm	$^0/_0$
19a	außen		175 200	2080	51
19b		Mitte Stablänge	149 620	1710	42
20a	innen		134 970	1550	38
20b			161 910	1850	46
21a	außen		155 770	1780	44
21b		Mitte und an den Enden	155 110	1780	44
22a	innen		174 390	2000	49
22b			157 850	1810	45